0.4kV PEIDIANWANG BUTINGDIAN ZUOYE
PEIXUN JIAOCAI

0.4kV配电网不停电作业
培训教材

国网宁夏电力有限公司培训中心 编

中国电力出版社
CHINA ELECTRIC POWER PRESS

图书在版编目（CIP）数据

0.4kV 配电网不停电作业培训教材 / 国网宁夏电力有限公司培训中心编. —北京：中国电力出版社，2024.2

ISBN 978-7-5198-8260-0

Ⅰ. ①0… Ⅱ. ①国… Ⅲ. ①配电系统–带电作业–技术培训–教材 Ⅳ. ①TM727

中国国家版本馆 CIP 数据核字（2023）第 207985 号

出版发行：中国电力出版社
地　　址：北京市东城区北京站西街 19 号（邮政编码 100005）
网　　址：http://www.cepp.sgcc.com.cn
责任编辑：雍志娟
责任校对：黄　蓓　郝军燕
装帧设计：郝晓燕
责任印制：石　雷

印　　刷：北京雁林吉兆印刷有限公司
版　　次：2024 年 2 月第一版
印　　次：2024 年 2 月北京第一次印刷
开　　本：710 毫米×1000 毫米　16 开本
印　　张：18.25
字　　数：344 千字
印　　数：0001—1000 册
定　　价：98.00 元

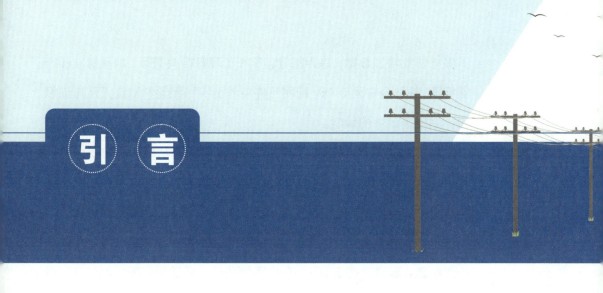

引言

随着光伏并网引发的电网有源化、多元化，低压作业点多面广，现场安全难以有效把控。为有效减少停电作业安全措施布防，降低有源配电网停电作业风险，提升安全风险管控能力，推动低压检修施工由停电作业方式向不停电作业方式转变势在必行。

为贯彻落实国网公司对于新型电力系统建设及"1135"新时代配电管理战略的落地部署，有效应对低压不停电作业推广期间对于人身安全风险和作业水平提出的各方面挑战，进一步开展提升供电可靠性向低压不停电作业延伸的工作，更好地向全体作业人员普及推广 0.4kV 配网不停电作业规范及应用前景，提高不停电作业人员对 0.4kV 配网不停电作业流程及方法的掌握程度，本书在国网宁夏电力有限公司牵头下，由国网宁夏电力有限公司培训中心落地实施，组织编写了《0.4kV 配电网不停电作业培训教材》。

本书编写过程中，以国网公司颁布的 Q/GDW 12218《低压交流配网不停电作业技术导则》及国网公司设备管理部组编的《0.4kV 配电网不停电作业培训教材》等为指导，参考了现有相关国际、国家标准和行业标准，并结合宁夏 0.4kV 配网不停电作业实践经验和取证人员培训经验，完成了该书的编制。

本书包含两部分内容。其中第一部分为理论基础，共四章内容。其中，第一章为配网不停电作业的基本原理，第二章为 0.4kV 配网不停电作业的安全防护，第三章为工器具及仪器仪表，第四章为 0.4kV 配网不停电作业项目分类。第二部分为实操作业，共一章内容，即典型实操作业精选。该章节内容选取 10 个实操项目，对适用范围、规范性引用文件、作业前准备、工器具及材料、作业程序、工作结束等进行了介绍。

本书适用于 0.4kV 配网不停电作业简单资质取证的人员，配网不停电作业的新进员工和辅助工作人员，配网不停电作业的培训教学人员，以及对配网不停电作业感兴趣的入门人员。

由于编写人员水平有限，书中难免存在不足或疏漏之处，恳请广大读者提出宝贵意见。

编　者

2024 年 1 月

目 录

引言

第一部分 理 论 基 础

第一部分
理 论 基 础

第一章
配网不停电作业的基本原理

第一节　配网不停电作业的发展

一、综述

配电线路网络是直接供应电能给用户的电力基础设施，配电系统是供电企业面对用户的最后环节，它直接关系到能否把优质的电能源源不断的供给用户，同时也是充分体现社会经济效益的关键部位。因此从某种角度而言，不停电作业技术也是因为相关需求而发展的。

带电作业始创于美国，在第一次世界大战与第二次世界大战期间，因经济萧条，促使美国在电力开发应用中十分注意经济性，采用了带电作业方法。为用户提供不间断供电，推动了带电作业的发展。随后，加拿大引进了美国相关专利后，开始了带电作业检修和维护工作。1953 年日本也从美国引进了技术开始尝试带电作业，经过数年经验积累，到了 1962 年日本已经可以在 220kV 线路上进行带电作业工作，并且在 70 年代初掌握了 500 千伏输电线路带电作业技术。

在我国，配电网因电力建设改造、设备维修及市政建设需要而配合的停电日益频繁，计划停电的实户数占全部停电实户数 80%以上。为解决上述矛盾，不少城市供电企业又逐步恢复开展配电线路带电作业。我国配电线路作业按照发展历程，总计经历了四个阶段。分别为：

第一阶段 20 世纪 50 年代，首次在 3.3～66kV 配电线路上探索研究绝缘杆作业法带电更换和检修设备；

第二阶段 20 世纪九十年代，规范了绝缘手套作业法，绝缘杆作业法在配网架空线路带电作业上的应用；

第三阶段 2002 年，首次开展架空线路旁路作业，2012 年首次开展电缆线路不停电作业，2015 年首次开展了高海拔地区不停电作业；

第四阶段，近些年，在国网公司大力推进下，配网不停电作业有了快速发展。

由此可知，我国配网作业方式的转变经过了 60 年的发展，从停电检修过渡至不停电作业，作业方式从最早单一的低电位绝缘杆作业，发展到当今地电位作业、中间电位作业、绝缘手套作业、绝缘杆作业和综合不停电作业。这期间带电作业工具也不断地更新，从早期的桦木绝缘工具发展到玻璃钢等材料制造的绝缘工具。并不断从国外引进先进的作业工具。21 世纪以来，国内配电带电作业快速发展，大部分重点城市和省会城市具备四类 33 项目开展的能力，基本满足架空线路不停电作业的技术要求。

二、我国 0.4kV 配网不停电作业发展

我国 0.4kV 配网不停电作业的发展史可以追溯到 20 世纪 90 年代。以下是其主要发展阶段的概述：

（1）起步阶段（1990 年代初）：在这个阶段，我国开始关注配网不停电作业技术的研究和实践。当时，主要通过引入国际先进的不停电作业技术和设备，对 0.4kV 配网不停电作业进行初步探索。

（2）发展阶段（1990 年代末至 2000 年代初）：随着国家经济的快速发展，对电力供应可靠性的需求不断提高。在这个阶段，我国 0.4kV 配网不停电作业技术得到了快速发展，形成了一定的技术体系和操作规范。各地电力公司纷纷开展不停电作业实践，积累了丰富的经验。

（3）成熟阶段（2000 年代中期至 2010 年代初）：在这个阶段，我国 0.4kV 配网不停电作业技术日臻成熟，不仅在各大城市广泛应用，还逐步向中小城市和农村地区推广。不停电作业设备不断更新换代，操作技术更加规范，作业效率和安全性得到了显著提高。

（4）创新阶段（2010 年代至今）：随着智能电网、大数据、云计算等新技术的快速发展，我国 0.4kV 配网不停电作业进入了一个新的发展阶段。现代信息技术与不停电作业技术深度融合，实现了不停电作业的智能化、精确化和标准化。此外，新型材料的应用和设备的研发也为不停电作业提供了更多可能。图 1-1 为国家电网公司 0.4k 配网不停电作业进入推广应用阶段后，从 2018 年至今，近五年发展的重要事件节点。

总之，我国 0.4kV 配网不停电作业从起步到发展，再到成熟和创新，历经了几十年的历程。在这个过程中，我国电力行业不断学习和借鉴国际先进经验，积极探索和实践，逐步形成了具有中国特色的不停电作业技术体系。未来，随着科技的不断进步，我国 0.4kV 配网不停电作业将继续向更高效、更安全、更智能的方向发展。

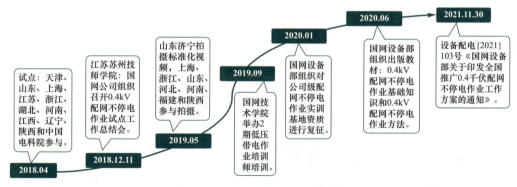

图 1-1　我国 0.4kV 配网不停电作业进入推广应用阶段后近五年发展的重要事件节点

第二节　0.4kV 与 10kV 配网不停电作业的区别

0.4kV 与 10kV 配网不停电作业的区别主要体现在以下几个方面。

一、电压等级

0.4kV 与 10kV 是两个不同的电压等级。0.4kV 一般用于低压配电网，而 10kV 通常用于高压配电网。

二、安全风险

随着电压等级的提高，操作时的安全风险也会相应增大。但是均需要严格遵循相关安全规程，确保作业人员的人身安全。

三、技术要求

10kV 配网不停电作业的技术要求相对较高。在进行不停电作业时，需要对作业设备、作业方法、防护措施等有较高的要求，以确保在高压环境下安全、有效地完成作业任务。

四、防护用品不同

0.4kV 与 10kV 配网不停电作业所需的防护用品也有所不同。主要区别在于电压等级、安全风险和工作环境。如绝缘手套，10kV 配网，由于电压等级更高，因此需要使用更高防护等级的手套，以确保作业人员的安全，0.4kV 不停电作业的三合一绝缘手套还包括防电弧功能。再如绝缘鞋，由于 10kV 配网的电压等级更高，作业人员需要穿戴更高绝缘等级要求的绝缘鞋。

五、作业难度

由于电压等级较高，10kV 配网不停电作业三四类复杂作业操作步骤多、作业规模大、作业前准备多、作业时间长等，难度相对较大。而 0.4kV 不停电作业柜内作业空间狭小，对操作人员的要求更高。因此 0.4kV 不停电作业和 10kV 不停电作业在实际操作过程中，作业难度因项目的不同，难度也不同。

六、装置类型不同

（1）0.4kV 采用 A、B、C、N 三相四线制供电为主，比 10kV 作业多了根零线。这直接影响遮蔽时的操作顺序。一般情况下，在绝缘遮蔽时，应严格按照"先接零线、后接相线"的顺序接引线，断引线时则顺序相反。

（2）0.4kV 不停电作业带电体之间、带电体与地之间距离小。0.4kV 配电柜内空间较 10kV 更加狭小。作业人员很容易误碰造成相间短路，柜内作业更易发生电弧伤害，因此需要做好严密的绝缘隔离措施、尽量小的作业幅度，监护人做好认真监护。

七、安全防护方面

不同的电压等级，对于作业人员的危害类型不同：10kV 注重电流防护，0.4kV 强调电弧防护。

八、作业方法

0.4kV 不停电作业不特意强调"绝缘手套法"或者"绝缘杆作业法"。主要原因是：

电压等级：10kV 不停电作业因电压等级高，作业过程主要是电流防护，防止触电，因此需满足安全距离的要求，通过使用绝缘手套作业法或绝缘杆作业法可以有效保障作业人员的安全。而 0.4kV 的电压等级相对较低，在这种情况下，空气间隙的绝缘能力相对较强，因此作业过程主要是电弧防护，防止电弧伤害，绝缘手套等防护用具成为主绝缘。

九、作业环境不同

和 10kV 配电网相比，0.4kV 配电网网络结构复杂，具有面向用户各种多样、地形复杂、设备类型多样、作业点多面广、安全环境相对较差等特点。

0.4kV 线路所经区域是否受到各类通信线路、路灯、指示牌、树木的影响，是否是闹市区、私人领域，是否为同杆架设等，作业环境更加复杂。绝缘斗臂车的使用容易受限。0.4kV 配电柜（房）的不停电作业空间狭小，更易发生电弧伤害和相间短路风险，总之，现场情况对实际作业要求很高。

总之，0.4kV 与 10kV 配网不停电作业在电压等级、安全风险、技术要求、设备及工具以及作业难度等方面存在较大差异。在实际操作中，应根据具体情况选择合适的作业方法，确保电力设施的安全稳定运行。

第三节　0.4kV 配网不停电作业涉及工作原理简述

0.4kV 配网不停电作业是指在电力系统运行过程中，对 0.4kV 配网进行维护、检修、改造等作业，同时保证供电不中断的一种作业方式。这种作业方式涉及以下工作原理。

一、带电作业

0.4kV 配网不停电作业通常采用带电作业的方式进行。带电作业是指在高压电器设备及设施进行不停电的作业。

带电作业过程中，作业人员需要使用绝缘工具和绝缘防护用品，如绝缘手套、绝缘棒、绝缘垫等，以实现对人体和设备的绝缘隔离。绝缘隔离可以有效地防止电流通过人体，保障作业人员的安全。

带电作业需要使用特殊的带电作业工具，如绝缘棒、绝缘夹钳等。这些工具可以承受一定的电压，并具有足够的绝缘性能，以确保作业过程中的安全。

在进行带电作业时，应严格按照规定的操作顺序进行。通常先对带电体进行操作，然后再对非带电体进行操作。这样可以有效地减少误操作的风险，保证作业过程的安全。

带电作业过程中，作业人员需要穿戴个人防护用品，如安全帽、防护眼镜、绝缘鞋等，以保护头部、眼睛和身体免受伤害。

带电作业现场应设置监护人，负责监督作业过程，确保作业安全。监护人应具备一定的电气知识和安全技能，并能及时处理突发情况。

在进行带电作业时，应严格按照安全防护措施进行，包括设置警示标志、保持足够的距离、使用防护栏等。这些措施可以有效地防止未经许可的人员接近作业现场，保障作业过程的安全。

二、绝缘操作

在 0.4kV 配网不停电作业过程中，作业人员需要使用绝缘棒、绝缘夹钳等绝缘工具对带电设备进行操作。这些绝缘工具可以有效地隔离带电部分和非带电部分，保证作业人员的安全。各种绝缘工器具的具体功能与介绍详见第三章，本章不再赘述。

三、接地保护

在 0.4kV 配网不停电作业过程中，为了保证作业人员的安全，需要对带电设备进行接地处理。接地保护可以有效地将电流引导到地面，降低电压，保证作业人员的安全。0.4kV 配网不停电作业接地保护的作用主要有以下几点。

（1）安全防护：接地保护可以有效地将电流引导到地面，降低电压，保证作业人员的安全。在带电作业过程中，如果设备或工具发生绝缘击穿，电流会通过接地线流向地面，从而降低对人体的危害。

（2）设备保护：接地保护可以保护设备免受电压升高的影响，降低设备损坏的风险。在带电作业过程中，设备接地可以防止设备绝缘受损，延长设备使用寿命。

（3）防止反击：接地保护可以有效地减小电弧闪络的可能性，防止反击。在带电作业过程中，如果发生电弧闪络，接地保护可以引导电流迅速流向地面，降低对作业人员的伤害。

（4）提高工作效率：接地保护可以保证带电作业过程中电流的正常流动，减少因停电造成的作业中断，提高工作效率。

（5）遵守法规要求：在进行带电作业时，遵守相关法规和安全标准要求，进行接地保护可以确保作业的安全顺利进行。

四、负荷转移

在进行不停电作业前，需要将待作业的配电线路和设备与其他正常运行的线路和设备隔离，并将用户负荷转移至其他正常运行的线路上。这样可以确保用户在作业过程中不受停电影响。0.4kV 配网不停电作业负荷转移主要包括以下几个方面的内容。

（1）电源切换：在 0.4kV 配网不停电作业过程中，通过切换电源的方式将负荷转移到其他正常运行的设备上。电源切换通常采用自动切换装置，如自动开关、继电保护等，以确保负荷在转移过程中不会中断。

（2）线路切换：在作业过程中，如果需要对某一线路进行维护或改造，可以通过切换至其他并行线路的方式将负荷转移到正常运行的线路上。线路切换通常需要满足一定的技术条件，如线路容量、电压等。

（3）设备切换：对于 0.4kV 配网中的设备，如变压器、断路器等，在进行不停电作业时，可以通过切换设备的方式将负荷转移到其他正常运行的设备上。设备切换需要确保新设备的容量和电压等参数与原设备相同，以保证负荷的平稳转移。

（4）负荷分散：对于某些无法通过切换电源、线路或设备实现的负荷，可以采用负荷分散的方法。负荷分散是通过将负荷分散到多个并行运行的设备上，以实现负荷的平稳转移。

总之，0.4kV 配网不停电作业负荷转移原理主要包括电源切换、线路切换、设备切换和负荷分散等方法。这些方法保证了在作业过程中电力系统的正常运行，降低了作业风险，提高了作业效率。

五、临时电源

在负荷转移后，为保证待作业线路和设备的正常运行，需要接入临时电源。临时电源通常由发电车、移动式发电设备等提供。待作业完成后，再将负荷重新转移回正常电源。

在 0.4kV 配网不停电作业中，临时电源的作用主要是为作业现场提供必要的电力供应，确保作业过程中的安全和效率。临时电源的使用有以下几个方面的优势。

（1）保障作业安全：临时电源可以为作业现场提供必要的电力，确保作业设备、工具和照明的正常运行。这有助于提高作业效率，同时降低因电力供应问题导致的安全隐患。

（2）灵活应对作业需求：临时电源可以根据作业现场的需求进行调整，为不同设备提供适当的电力。这使得作业过程更加灵活，能够应对各种突发情况。

（3）快速响应：临时电源可以快速部署和连接，为作业现场提供及时的电力支持。在紧急情况下，临时电源能够迅速响应，确保作业的顺利进行。

（4）易于管理和监控：临时电源具有较好的管理和监控性能，可以实时监测电力使用情况，确保电力供应的稳定和安全。

（5）满足环保要求：临时电源通常具有较低的噪音和污染排放，可以满足环保要求，确保作业现场的环境卫生。

六、绝缘隔离

为确保不停电作业的安全性，需对作业点进行绝缘隔离。这可以通过在作业点安装绝缘隔板、绝缘遮蔽罩等措施实现。同时，作业人员需穿戴绝缘服、绝缘手套等防护设备，确保人身安全。具体绝缘隔离措施详见本教材第二部分实操作业相关内容。

第二章

0.4kV 配网不停电作业的安全防护

第一节 电弧的危害及防护

    0.4kV 配网不停电作业项目，对于安全防护影响因素较大的主要是电弧和电流的危害，尤其是对于电弧的防护尤为重要。

    电弧是通常表现为一种气体放电现象。一般在正常状态下，气体具有极好的电气绝缘性能，但是当气体间隙的两端存在强大的电场时，电流足以击穿某些绝缘介质，表现为电流通过某些绝缘介质（如空气）所产生的瞬间火花。按电流种类可分为：交流电弧、直流电弧和脉冲电弧。同时也存在真空电弧放电，其电弧中的电流载体不是电离的空气，而是从电极中蒸发出来的金属的电子和离子，因此也称为金属蒸汽真空电弧。

一、电弧的特征

主要从持续时间、核心温度、高辐射能以及爆炸性四个方面体现。

（1）时间：持续持续时间短，一般＜1s。

（2）核心温度：接近 20000℃，超过太阳表面温度。

（3）高辐射能：辐射热占总能量 90%，并伴随强光。

（4）爆炸性：产生金属熔融、飞溅碎片、空气冲击波、高分贝噪声。

二、电弧事故能量的影响因素

电弧事故能量和以下因素有关：

（1）短路电流的大小。短路电流越大，事故能量越大。

（2）作业环境。开放性结构，比如架空线路，能量发散，事故能量较小。封闭式结构，比如配电柜，能量集中，事故能量大。

（3）导体间隙。导体间隙越小，电弧不容易熄灭或容易重燃，电弧能量就越大。

（4）燃弧时间。和保护动作时间有关，燃弧时间越长，释放的能量越大。

（5）操作距离。作业人员与设备故障点越近，受到的伤害越大。这是显而易见的，因此绝缘杆作业法在防电弧伤害方面比绝缘手套法具有天然优势。

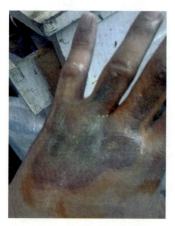

图 2-1 电弧危害现象

由此可见，电压不高、电流较大是电弧放电的特点。电弧电压所产生的危害是严重的，其温度高达数千摄氏度，甚至上万。轻则损坏设备，重则可以产生爆炸，酿成火灾，威胁生命和财产的安全。特别是在电力行业中，更需要额外的注意，由于行业的特殊性，更容易造成事故，甚至是人员的伤亡。在电力行业中，开关电器会产生电弧，因为其温度高达数千摄氏度，能烧坏触头，甚至导致触头熔焊。如果电弧不立即熄灭，就可能烧伤操作人员，烧毁设备，甚至酿成火灾。因此，有触头的电器应考虑其灭弧问题。尤其是高压配电方面更要注意。一旦由于带负荷拉闸操作失误，或者是在开关箱内有异物（导电体），拉出开关箱的时候，异物瞬间接通了两极又分开，导致电弧产生，导致产生爆炸现象，炸伤、烧伤操作人员，如图 2-1 所示。

三、预防事故电弧的方法

预防事故电弧，主要包括以下几方面。

（1）预防到位：标准规范的作业方法、使用硬质与软质绝缘遮蔽，避免人员误碰导致短路；

（2）工具防护：作业前进行验电测流，作业中尽量使用绝缘工具或表面包覆绝缘层的金属工具，避免金属工具误操作或掉落引发短路。

（3）人员防护：作业人员穿戴个人电弧防护用品，保证即使产生电弧事故也不会造成人身伤亡事故。

四、电弧防护要求

作业人员应根据作业项目和作业场所、作业装置的具体情况，采取防电弧伤害的措施。

Q/GDW 12218—2022《低压交流配网不停电作业技术导则》中关于防电弧的要求如下：

（1）作业人员在低压架空线路上进行配网不停电作业时，应穿戴防电弧能力不小于 28.46J/cm²（6.8cal/cm²）的防电弧服装，穿戴相应防护等级的防电弧手套，佩戴护目镜或防电弧面屏。

（2）在低压配电柜（房）进行配网不停电作业时，作业人员应穿戴防电弧能力不小于 113.02J/cm²（27.0cal/cm²）的防电弧服装，穿戴相应防护等级的防电弧头罩

（或面屏）和防电弧手套、鞋罩；在配电柜附近的工作负责人（监护人）及其他配合人员应穿戴防电弧能力不小于 28.46J/cm²（6.8cal/cm²）的防电弧服装，穿戴相应防护等级的防电弧手套，佩戴护目镜或防电弧面屏。

由此可见，在电力行业更容易发生电弧现象，比如短路时，电流虽小，但因为接地故障的缘故，短路点就可能产生电弧；开关制造不良、安装不善或维护不及时；线路敷设不善；电气设备及线材的选择未按所处环境采取适当的措施；动物咬、抓等造成绝缘损坏等。上述情况都有可能造成电弧事故，因此绝不可以轻视。

0.4kV 配网不停电作业很可能遭遇的电弧，需确定不停电作业各工况下的典型电弧参数的基础上，为作业人员合理配置个人电弧防护用品，避免电弧伤害。

第二节　电流的危害及防护

电击对人体的危害程度主要取决于通过人体电流的大小和通电时间长短。一般情况下，人体能够承受的安全电压为 36V，安全电流为 10mA。当人体电阻一定时，人体接触的电压越高，通过人体的电流就越大，对人体的损害也就越严重。安全电流又称安全流量或容许持续电流，人体安全电流既通过人体电流的最低值，一般 1mA 的电流通过时即有感觉，25mA 以上人体就很难摆脱，50mA 既有生命危险，主要是可以导致心脏停止和呼吸麻痹。

一、触电

触电是指电流通过人体而引起的病理生理效应。触电分为电伤和电击两种伤害形式。电伤是指电流对人体表面的伤害，它往往不至于危及生命安全。而电击是指电流通过人体内部，直接造成内部组织的伤害，它是危险的伤害，往往导致严重的后果。电击又可分为直接接触电击和间接接触电击。

直接接触电击是指人身直接接触电器设备或电气线路的带电部分而遭受的电击。它的特征是人体接触电压，就是人所触及带电体的电压，人体所触及带电体所形成接地故障电流就是人体的触电电流，直接接触电击带来的危害是最严重的，所形成的人体触电电流，总是远大于可能引起心室颤动的极限电流。

间接接触电击是指电气设备或是电气线路绝缘损坏，发生单相接地故障时，其外漏部分存在对地故障电压，人体接触此外漏部分而遭受的电击。它主要是由于接触电压而导致人身伤亡的。带电作业中人体触电的方式，主要是有单相触电或者两相触电等。

还有一种触电称之为跨步电压，是指电气设备发生接地故障时，在接地电流入地点周围电位分布区行走的人，其两脚之间的电压。一旦误入跨步电压区应迈小步，双脚不要同时落地，最好一只脚跳走，朝接地点相反的地区走，逐步离开跨步电压区。

发生触电后，电流对人体的影响程度主要取决于流经人体的电流大小、电流通过人体持续时间、人体阻抗、电流路径、电流种类、电流频率以及触电者的体重、性别、年龄、健康情况和精神状况等多种因素。人体电阻由体内电阻和皮肤组成。体内电阻基本稳定，约为 500Ω，接触电压为 220V 时，人体电阻的平均值为 1900Ω，接触电压为 38V 时，人体电阻降为 1200Ω。经过对大量实验数据的分析研究，确定人体电阻的平均值一般为 2000Ω 左右，而在计算和分析时，通常取下限值 1700Ω。电流通过人体所产生的生理效应和影响程度，是由通过人体的电流 I 与电流流经人体持续时间 Ft 所决定的。

二、电流防护基础知识

在带电作业中，对电流的防护主要是严格限制流经人体的稳态电流不超过人体的感知水平 1mA、暂态电击不超过人体的感知水平 0.1mJ。同时还应特别注意的是，绝缘材料在内外因素影响下，也会使通道流过一定的电流，习惯上把这种电流称之为泄漏电流。泄漏电流超标后，也是一种对人体伤害比较严重的电流，尤其是经绝缘体表面通过的沿面电流。带电作业遇到的泄漏电流主要是指沿绝缘工具，包括绝缘操作杆和承力工具表面流过的电流。

做好电流防护首先需要清楚如下概念。

1. 安全电流

电击对人体的危害程度，主要取决于人体电流的大小和通电时间长短，一般 1mA 的电流通过时就有感觉，25mA 以上人体就很难摆脱，50mA 即有生命危险。安全电流（允许的持续电流）为 10mA。家用剩余电流保护器的漏电动作电流时 30mA，动作时间小于 0.1s。

2. 安全场强

电流危害的安全场强概念是指在特定的环境条件下，人体能够承受的电磁场强度，不会对人体造成伤害。如果超过了这个场强，就可能对人体产生有害影响。

电流危害的安全场强取决于许多因素，包括环境条件、人体敏感度、磁场强度、频率等。通常，对于频率较低的磁场，人体能够承受的场强较高；而对于频率较高的磁场，人体能够承受的场强较低。

在实际应用中，为了保证人体安全，通常会采用一定的措施，如使用屏蔽设备、控制电流强度等，来降低电磁场强度。此外，还需要注意电磁兼容性问题，避免不同设备之间的电磁干扰。

电流危害是一个非常严重的问题，需要引起足够的重视。在电磁场强度的控制方面，需要遵循相关的安全标准和规定，确保人体健康和安全。

3. 安全电压

为了防止触电事故而采用的 50V 以下特定电源供电的电压系列，分为 42、36、24、12V 和 6V 五个等级，按照不同作业条件，选用不同的安全电压等级，与带电作业没有直接关系。

4. 安全距离

带电体与地、相间的安全净距：室内 0.2m，室外 0.75m。

三、电流防护要求

电流防护有如下具体要求：

（1）低压绝缘安全防护用具的耐压水平已超过了系统可能出现的最大过电压，绝缘防护用具可视为主绝缘。

（2）作业过程中，与接触位置不同电位的导体和构件间应采取绝缘遮蔽或装设绝缘隔板等限制作业人员的活动范围的措施。防护用具的耐压水平须超过低压配电系统可能出现的最大过电压。

（3）设置绝缘遮蔽时，按照从近到远的原则，从离身体最近的导体或构件开始依次设置；对上下多回分布的带电导线设置遮蔽用具时，应按照从下到上的原则，从下层导线开始依次向上层设置；对导线、绝缘子、横担的设置次序是按照从带电体到接地体的原则，先放导线遮蔽罩，再放绝缘子遮蔽罩、然后对横担进行遮蔽。

第三节　安　全　注　意　事　项

一、作业前注意事项

（1）工作负责人应根据作业项目确定操作人员，如作业当天出现明显精神和体力不适的情况时，应及时更换人员，不得强行要求作业。

（2）作业前应确认作业点电源侧的剩余电流保护装置已投入运行。有自动重合功能的剩余电流保护装置应退出其自动重合功能。

（3）作业前应根据作业项目、作业场所的需要，配足性能完好的绝缘防护用具、遮蔽用具、操作工具、承载工具等。工器具及防护用具应分别装入规定的工具袋中带往现场。在运输中应严防受潮和碰撞。在作业现场应选择干燥、阴凉位置，分类整理摆放在防潮布上，并检查确认工具的绝缘表面在运输、装卸过程中有无孔洞、撞伤、擦伤和裂缝等损伤。

二、作业现场注意事项

（1）作业现场及工具摆放位置周围应设置安全围栏、警示标志。

（2）作业过程中不得摘下绝缘手套及其他防护用具。

（3）带电断、接线路或设备的引线前应核对相线（火线）、零线。应严格按照"先接负荷侧、后接电源侧"和"先接零线、后接相线"的顺序进行，带电断开线路或设备引线时，应严格按照"先断电源侧、后断负荷侧"和"先断相线、后断零线"的顺序进行。禁止人体同时接触不同电位的两根导线。禁止带负荷断、接导线。

（4）禁止人体同时接触不同电位的两根线头。

三、作业过程中注意事项

（1）作业时应采取绝缘隔离措施防止相间短路和单相接地，遮蔽措施之间应有重叠。拆开的引线，断开的线头应采取绝缘包裹遮蔽措施。

（2）所有未接地，未采取绝缘遮蔽、断开点未采取加锁挂牌等可靠措施进行隔离电源的低压线路和设备都应视为带电。

（3）使用的工具应为绝缘手工工具，禁止使用锉刀、金属尺和带有金属物的毛刷、毛掸等工具。

四、采用升降绝缘平台作业使用注意事项

（1）采用升降绝缘平台作业的，进入绝缘斗内即应扣好安全带。采用脚扣等登高工具登高的，应全程使用安全带，到达工作位置后应做好后备保护。安全带不得系在杆上不牢固、可能发生移动或有尖锐面的构件上。

（2）采用低压综合抢修车的作业，作业车应顺线路方向停放在能避开附近电力线和障碍物并便于绝缘斗到达作业位置的坚实路面。

（3）低压不停电作业中使用的登高平台或登高车应为绝缘平台或具有绝缘斗的登高车。

（4）断、接引线时，作业人员应戴防电弧面罩。

五、绝缘梯使用注意事项

（1）使用绝缘梯作业时，绝缘梯的支柱应能承受作业人员及所携带的工具、材料的总重量，距梯顶 1m 处设限高标志。人字梯应有限制开度的措施。绝缘梯应有防滑措施。

（2）在接近带电体的过程中，应用声光型低压验电器从下方依次验电。对人体

可能触及范围内的低压线支撑件、金属紧固件、横担等构件以及带电导体进行验电、确认无漏电现象。验电时，作业人员应与带电导体保持距离。低压带电导线或漏电的金属构件未采取绝缘遮蔽或隔离措施时，不得穿越或碰触。

六、遮蔽用具注意事项

（1）架空线路设置绝缘遮蔽应按照"从近到远、从下到上"的顺序进行。遮蔽用具之间的接合处应有重合部分。拆除遮蔽用具应按照"从上到下，由远到近"的顺序进行。

（2）高低压同杆（塔）架设，在低压带电线路上工作前，应先检查确认其与高压线路之间的距离满足该高压线路安全距离要求。高低压同（塔）架设，在下层低压带电导线未采取绝缘隔离措施或未停电接地时，作业人员不得穿越。

七、配电柜作业注意事项

（1）应有足够的光线或照明。

（2）接触低压配电柜前，应验明柜体和相邻设备是否带电。并应采取防止误入相邻间隔、触碰相邻带电部分的措施。

八、架空线路作业注意事项

（1）登高平台应为低压绝缘承载平台。

（2）接近带电过程中，应用声光型低压验电器从下方依次验电。

九、操作注意事项（通用）

1. 剩余电流保护装置及其重合闸

在 0.4kV 配网不停电作业中，剩余电流保护装置和重合闸是保证作业安全的重要措施。下面是关于剩余电流保护装置及其重合闸的一些安全注意事项：

（1）剩余电流保护装置：剩余电流保护装置是一种用于检测和保护人体电击的安全设备。在进行 0.4kV 配网不停电作业时，应确保剩余电流保护装置正常运行。工作人员应定期检查和维护剩余电流保护装置，确保其可靠性。

（2）重合闸：重合闸是一种用于恢复电力供应的设备。在进行 0.4kV 配网不停电作业前，应确保重合闸处于可用状态。在作业过程中，如需使用重合闸，应按照规定程序操作，确保操作安全。

（3）注意事项：

1）剩余电流保护装置和重合闸的操作应由有经验的工作人员进行，并采取相应的安全措施。

2）在操作剩余电流保护装置和重合闸时，应确保电源可靠，防止误操作。

3）在操作剩余电流保护装置和重合闸时，应佩戴绝缘手套和其他防护设备，确保人身安全。

4）在操作剩余电流保护装置和重合闸时，应遵循操作规程，确保操作正确。

5）剩余电流保护装置和重合闸的操作场所应设置明显标志，提醒人员注意安全。

6）剩余电流保护装置和重合闸的操作设备应定期检查和维护，确保设备性能良好。

总之，在进行 0.4kV 配网不停电作业时，应重视剩余电流保护装置和重合闸的作用，确保其正常运行，并遵循相关安全规定，以保障作业安全。

2. 断、接引线的注意事项

（1）操作顺序。

1）带电线路或设备引线时，应"先接负荷侧，后接电源侧"。接入时需把握"先接零线、后接相线"的原则。

2）带电断线路或设备引线时，"先断电源侧，后断负荷侧"。断线时需把握"先断相线、后断零线"的原则。

（2）禁止带负荷断、接引线。

（3）未断开的零线应视为带电体。

3. 注意事项

所有未接地或未采取绝缘遮蔽、断开点加锁挂牌等可靠措施隔离电源的低压线路和设备都应视为带电。

4. 技术要求

（1）需注意遮蔽重叠长度。

（2）需注意安全距离。

（3）需注意有效绝缘长度。

十、其他

0.4kV 配网不停电作业的安全保证措施还应包括：

（1）0.4kV 配网不停电作业应设专人监护，使用有绝缘柄的工具。工作时，站在干燥的绝缘物体上进行，并戴绝缘手套和安全帽，必须穿长袖衣工作，严禁使用锉刀、金属尺和带有金属物的毛刷、毛掸等工具。

（2）高低压同杆架设，在低压带电线路上工作时，应先检查与高压线的距离，采取防止误碰高压带电设备的措施。在低压带电导线未采取绝缘措施时，工作人员不得穿越。

（3）在带电的低压配电装置上工作时,应采取防止相间短路和单相接地的绝缘隔离措施。上杆前,应先分清相线、地线,选好工作位置;断开导线时,应先断开相线,后断开地线;搭接导线时,顺序相反;人体不得同时接触两根线头。另外,带电作业工具的保管与试验带电作业工具应置于通风良好,备有红外线灯泡或恒温设施的清洁干燥的专用房间存放。

（4）运输过程中,应装在专用工具袋、工具箱和工具车内以防受潮和损伤,在使用带电作业工具前,要进行认真仔细的检查,绝缘工具必须完好无损。

（5）使用前必须用 2500V 绝缘摇表或绝缘检测仪进行分段绝缘检测（电极宽2cm,极间宽 2cm）,阻值应不低于 700MΩ。操作绝缘工具时应戴清洁、干燥的手套,并应防止绝缘工具在使用中脏污和受潮。

（6）带电作业工具应定期进行电气试验,预防性试验每年一次,检查性试验每年一次,两次试验间隔半年。

（7）绝缘工具的电气试验项目及标准操作冲击试验宜采用 250/2500μs 的标准波,以无一次击穿、闪络为合格。工频耐压试验以无击穿、无闪络及过热为合格。高压电极应使用直径不小于 30mm 的金属管,被试品应垂直悬挂。接地极的对地距离为 1.0～1.2m。接地极及接高压电极（无金属时）处以 50mm 宽金属箔缠绕。

（8）试品间距不小于 500mm,单导线两侧均压球直径不小于 200mm,均压球距试品不小于 1.5m。试品应整根进行试验,不得分段。

（9）机械试验绝缘工具每年一次,金属工具两年一次。

上述安全注意事项需结合具体实操作业项目制定,内容详见第二部分实操作业。

第三章

工器具及仪器仪表

第一节　0.4kV 配网不停电作业操作工具

一、绝缘手工工具

绝缘手工工具主要包括包覆绝缘手工工具和绝缘手工工具两种。其中包覆绝缘手工工具主要由金属材料制成，全部或部分包覆有绝缘材料的手工工具。绝缘手工工具是除了端部金属插入件以外，全部或主要由绝缘材料制成的手工工具。

1. 螺丝刀和扳手

螺丝刀工作端允许的非绝缘长度：槽口螺丝刀最大长度为 15mm；其他类螺丝刀最大长度为 18mm。螺丝刀刃口的绝缘应与柄的绝缘连在一起，刃口部分的绝缘厚度在距刃口端 30mm 的长度内不应超过 2mm，这一绝缘部分可以是柱形的或锥形的，如图 3-1 所示。

图 3-1　带电作业用螺丝刀图解

操作扳手的非绝缘部分为端头的工作面；套筒扳手的非绝缘部分为端头的工作面和接触面，如图 3-2 所示。

图 3-2 带电作业用操作扳手图解

2. 手钳、剥皮钳、电缆剪及电缆切割工具

手钳、剥皮钳、电缆剪及电缆切割工具需严格购置符合国家与行业标准要求的产品，各类工具均需有绝缘防护件。根据相关要求，手钳握手左右，护手高出扁平面 10mm；手钳握手上下，护手高出扁平面 5mm。护手内侧边缘到没有绝缘层的金属裸露面之间的最小距离为 12mm，护手的绝缘部分应尽可能向前延伸实现对金属裸露面的包覆，如图 3-3 所示。

图 3-3 带电作业用手钳、剥皮钳、电缆剪及电缆切割工具图解
（a）钢丝钳；（b）尖嘴钳；（c）斜口钳；（d）剥线钳；（e）断线钳

3. 刀具

0.4 千伏配网不停电作业工作常使用电工刀，主要分为弯头和直头两种。绝缘手柄的最小长度为 100mm。为防止工作时手滑向导体部分，手柄的前端应有护手，护手的最小高度为 5mm。护手内侧边缘到非绝缘部分的最小距离为 12mm，刀口非绝缘部分的长度不超过 65mm，如图 3-4 所示。

4. 绝缘镊子

0.4 千伏配网不停电作业工作常使用绝缘镊子如图 3-5 所示。

图 3-4 绝缘刀具图解　　　　图 3-5 绝缘镊子图解

镊子总长度为 130~200mm，手柄长度应不小于 80mm。镊子的两手柄都应有一个护手，护手不能滑动，护手的高度和宽度应足以防止工作时手滑向端头未包覆绝缘的金属部分，最小尺寸为 5mm。手柄边缘到工作端头的绝缘部分的长度应在 12~35mm。工作端头未绝缘部分的长度应不超过 20mm。全绝缘镊子应没有裸露导体部分。

二、绝缘操作工具

0.4kV 配网不停电作业所使用的主要绝缘操作工具包括绝缘操作杆、放电棒、绝缘夹钳以及绝缘绳。

1. 绝缘操作杆

绝缘操作杆是一种专用于电力系统内的绝缘工具组成的统一称呼，可以被用于带电作业，带电检修以及带电维护作业器具。绝缘操作杆的特点是用于短时间对带电设备进行操作的绝缘工具，如接通或断开高压隔离开关、跌落熔丝具等，主要有三种类型。

1.1 接口式绝缘操作杆

比较常用的一种绝缘杆。分节处采用螺旋接口，最长可做到 10m，可分节装袋携带方便，如图 3-6 所示。

1.2 伸缩式高压令克棒

三节伸缩设计，一般最长做到 6m，重量轻，体积小，易携带，使用方便，可根据使用空间伸缩定位到任意长度，有效地克服了接口式令克棒因长度固定而使用不便的缺点，如图 3-7 所示。

图 3-6　接口式绝缘操作杆图解

1.3 游刃式高压令克棒

接口处采用游刃设计，旋紧后不会倒转。快速插接式高压拉闸杆（令克棒）是用于短时间对带电设备进行操作的绝缘工具，如接通或断开高压隔离开关、跌落熔丝具等，如图 3-8 所示。

2. 放电棒

放电棒又称为：伸缩型高压放电棒，高压放电棒等。高压放电棒是利用新型绝缘材料加工而成。它具有能拉长，又能收缩的特点。便携式伸缩型高压放电棒便于在室外各项高电压试验中使用，特别在做直流耐压试验后，对试品上积累的电荷，进行对地放电，确保人身安全。伸缩型高压放电棒便于携带，方便、灵活，具有体积小、重量轻、安全，如图 3-9 所示。

图 3-7　伸缩式高压令克棒图解

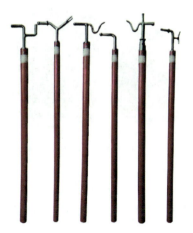
图 3-8　各类游刃式高压令克棒图解

3. 绝缘夹钳

绝缘夹钳是用来安装和拆卸高压熔断器或执行其他类似工作的工具,主要用于 35kV 及以下电力系统。绝缘夹钳由工作钳口、绝缘部分和握手三部分组成;各部分都用绝缘材料制成,所用材料与绝缘棒相同,只是工作部分是一个坚固的夹钳,并有一个或两个管型的开口,用以夹紧熔断器,如图 3-10 所示。

图 3-9　放电棒图解

图 3-10　绝缘夹钳图解

4. 绝缘绳

在高空作业时用于保护人员和物品安全的绳索,一般为合成纤维绳、麻绳或钢丝绳。电力安全绝缘绳包括尼龙绳、丙纶绳、锦纶绳,绝缘绳主要指蚕丝绳。用于电力施工安保、线路金具安装、维修、运载、攀登、吊拉、连接套、高空作业中,如图 3-11 所示。

图 3-11　绝缘绳及绳套图解

第二节　0.4kV 配网不停电作业常用仪器仪表

一、通用设备

1. 低压验电笔

1.1　验电原理

当测试带电体时，测试者用手触及验电笔后端的金属挂钩或金属片，此时验电笔端氖泡电阻，人体和大地形成回路，当被测物体带电时，电流便通过回路使氖泡起飞。如果氖泡不亮，那么说明该物体不带电。测试者即使穿上绝缘鞋或站在绝缘物上，也可认为形成了回路，如图 3-12 所示。

由于绝缘物的漏电和人体与大地之间的电容，电流足以使氖泡起飞。只要带电体与大地之间存在一定的电位差，验电比就会发出灰光。假设是交流电，飞炮两极发光，假设是直流电，那么只有一极发光。

图 3-12　低压验电笔示意

1.2　使用时注意事项

第一，使用电笔前一定要确认验电笔在带电导体测试氖灯是否发光。

第二，在明亮的光线下测试时，往往不易看清氖灯的辉光，应当注意避光检测。

第三，有些电气设备工作时外壳会因感应而带电，但不一定会造成触电危险，这时可采用其他检测手段判断。

第四，验电笔的金属笔尖多制成螺丝刀形状，由于结构上的原因，它只能承受很小的扭矩，使用时应特别注意。

2. 万用表

2.1 验电原理

现场常用的万用表为机械指针表和数字式万用表，它们各有其优缺点，如图 3－13 所示。

图 3－13 机械指针表和数字式万用表示意

因 0.4kV 配网不停电作业项目，万用表最常使用功能为测试电流、电压、电阻，因数字式万用表测试方法与其基本相同，现以指针式万用表为例阐述相关原理。

指针式万用表其基本原理是利用一支灵敏的磁电式直流电流表、微氨表做表头，当微小电流通过表头，就会有电流指示，但表头不能通过大电流，所以必须在表头上避免与串联一些电。电阻进行分流或降压，从而测出电路中的电流、电压和电阻。

2.1.1 测直流电流原理

如图 3－14（a）所示，在表头上并联一个适当的电阻（叫分流电阻）进行分流，就可以扩展电流量程。改变分流电阻的阻值，就能改变电流测量范围。

2.1.2 测直流电压原理

如图 3－14（b）所示，在表头上串联一个适当电阻（叫倍增电阻）进行降压，就可以扩展电压量程。改变倍增电阻的阻值，就能改变电压的测量范围。

2.1.3 测交流电压原理

如图 3－14（c）所示，因表头是直流表，所以测量交流时，需加装一个并、串式半波整流电路，将交流进行整流变成直流后再通过表头，这样就可以根据直流电的大小来测量交流电压。扩展交流电压量程的方法与直流电压量程相似。

2.1.4 测电阻原理

如图 3－14（d）所示，在表头上并联和串联适当的电阻，同时串接一节电池，使电流通过被侧电阻,根据电流的大小,就可测量出电阻值。改变分流电阻的阻值,就能改变电阻的量程。

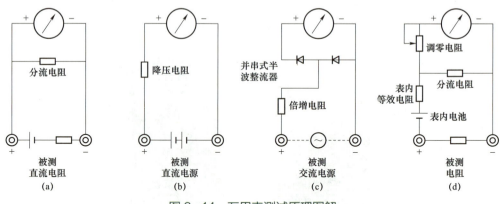

图 3-14　万用表测试原理图解

2.2　使用时注意事项

正确使用万用表是顺利进行各种测量的前提条件。另外,万用表属于常规仪表,使用人员多,使用次数频繁。稍有不慎,轻则损坏表内元器件,重则烧毁表头,甚至危及操作者的人身安全。

(1) 使用万用表之前,必须熟悉各转换开关、旋钮、测量插孔、专用插口的作用,了解清楚每条刻度线所对应的被测量程及其读数方法,检查表笔有无损坏、引线绝缘层是否完好,以确保操作人员和仪表的安全。具体测量前,首先明确要测什么和怎样测,然后将转换开关拨至相应的测量项目和量程挡。假如预先无法估计被测量的大小,应先拨至最高量程挡,再逐渐降低到合适量程。操作人员应养成这样的习惯:在每一次拿到表笔准备测量时,务必再核对一下测量项目及量程开关是否拨对位置,以免用电流挡或电阻挡去误测电压,特别是误测 220V 交流电源,烧坏万用表。

(2) 万用表应水平放置,否则会引起测量误差。当指针不在机械零点时,需用螺丝刀调整表头下方的调整螺钉,使指针回零,以消除零点误差。读数时,视线应正对着指针,以免产生误差。若表盘上装有反射镜,则眼睛看到的指针应与镜子中的影子重合。

(3) 万用表使用时应尽量避免震动及强磁场的干扰,日常也应存放在干燥、无震动、无强磁场、环境温度适宜的地方。潮湿环境易使仪表绝缘强度降低,还能使内部元器件受潮而变质;机械振动和冲击,可使表头中的磁钢退磁,导致灵敏度下降;在强磁场附近使用时,测量误差会增大,将万用表放在铁质工作台上也会产生指示误差;环境温度过高或过低,不仅使整流管的正、反向电阻发生变化,改变整流系数，还能影响表头灵敏度以及分压比和分流比，产生附加测量误差。在工业现场测量电网电压时，为减少感应电压的影响，可选用低灵敏度的万用表，如MF14型。由于电网的内阻很低，采用低灵敏度万用表也能获得准确的结果。

（4）测量完毕，应将量程开关拨至最高电压值，防止下次开始使用时不慎烧毁仪表。有的万用表（如500型）设有空挡，用完后应将开关拨到"·"位置，使测量机构内部开路；也有的万用表（如MF64型）设置了"OFF"挡，使用完毕应将功能开关拨于该挡，使表头短路，起到防震保护作用；带运算放大器的万用表（例如MF101型），其"OFF"挡是电源关断的位置。使用完后应关闭电源开关，以免空耗电池。

（5）使用内装运算放大器的万用表之前，需分别进行机械调零和放大器调零。现以MF101型万用表为例，该类万用表的调零方式如下。首先进行机械调零。将功能开关置于"OFF（关）"位置，调节表盖上面的机械调零器使指针与反光镜中的影子重合并指在零位上，然后进行放大器调零。对DC和AC挡的放大器调零时，都要把功能开关置于"DC"处，并将量程开关拨于所需挡位，调节放大器的"AMPADJ"调零器，使指针处于零位。对于电阻挡的调零，应将功能开关置于"Ω"位置，先调节"AMP ADJ"调零器，再把表笔短接，调整"OHM ADJ"旋钮，使指针位于欧姆零点。

（6）更换万用表内部的熔丝管时，必须选用同一规格（熔断电流及外形尺寸相同）的熔丝管。

（7）万用表长期不用时应将电池取出，避免存放过久变质或渗出电解液腐蚀万用表外壳。

（8）当电池夹的接触电阻过大时，也会使得R×1挡无法调零。可用尖嘴钳将簧片弯一下以增强弹性，减少接触电阻。对于电池夹上的锈蚀处应及时清理掉。

（9）万用表应定期（每隔一年）校验。业余条件下，可用［图片］位数字万用表代替，电阻挡亦可用标准电阻箱校准。校验时环境温度应保持在20℃±5℃（有的万用表要求20℃±2℃）。

（10）测量电压注意事项

1）测量电压时，应将万用表并联在被测电路的两端，测直流电压时要注意正、负极性。如果不清楚被测电压的极性，应先拨到高电压量程挡进行试测（即用表针轻轻地触碰被测电路），防止表头严重过载而将指针打弯（在指针反向偏转时最容易打弯）。

2）假如误用直流电压挡（DCV）去测交流电压，指针不动或微微抖动。如果误用交流电压挡（ACV）去测直流电压，读数可能偏高一倍，也可能为零，视万用表接法而定。

3）电压挡的基本误差均以满量程的百分数表示，因此，测量时指针越接近于满刻度值，误差越小。一般情况下，所选量程应使指针偏转满刻度的 1/3～1/2 以上。

4）当被测交流电压上叠加有直流电压时，交、直流电压之和不得超过量程开关的耐压值。必要时应在万用表的输入端串接 0.1μF/450V 的隔直电容器。也可直接从 dB 插孔输入，该插孔内部已串入隔直电容器。

5）严禁在测量较高电压（如 220V）或较大电流（如 0.5A 以上）时拨动量程开关，以免产生电弧，烧坏开关的触点。

6）当被测电压高于 100V 时必须注意安全。应当养成单手操作的习惯，即预先把一支表笔固定在被测电路的公共地端，再拿另一支表笔去碰触测试点，保持精力集中，以免只顾看表时手不小心触电。使用 2500V 插孔测高压时，应把插头插牢，避免因接触不良造成高压打火，或因插头脱落引起意外事故。

（11）测量电流注意事项。

测电流时应将万用表串联到被测线路中，测直流电流时应注意正、负极性。一定要保证电流从万用表的"+"极流入，从"−"极流出。若被测电路内阻和负载电阻值都很小，应尽量选择较大的电流量程，以降低电流挡的内阻对被测电路工作状态的影响。

（12）测量电阻注意事项。

1）严禁在被测电路带电的情况下测量电阻，也不允许用电阻挡去测量干电池、蓄电池及其他一切电源的内阻。因为这相当于给万用表电阻挡接入一个外部电压，使测量结果不准确，而且极易损坏万用表，甚至危及人身安全。

2）检测电源中的电解电容时，应先将其放电，以防止积存的电荷经万用表泄放，烧毁表头。

3）每次更换电阻挡时均应重新调整欧姆零点。连续使用 R×1 挡时间过长，也需重新检查零点。在测量的间歇，勿将两支表笔短路，以免空耗电池。

4）若 R×1 挡不能调到欧姆零点，应考虑更换电池。如果手头无新电池而又希望继续测量电阻的话，作为应急措施，可采用差值法测量十几欧以上的电阻。所谓"差值法"，就是从测量值中减去欧姆调零时的初始值，得到被测电阻的实际值。

3. 钳形万用表

3.1 验电原理

钳形表万用表与普通万用表的最大区别是用钳形扳手测试电流，同样可以测试交流电流、交流电压、直流电流、直流电压、以及电阻、连通性、频率、二极管测试等，如图 3-15 所示。

图 3-15 钳形万用表示意

钳形万用表是集电流互感器与电流表于一身的仪表,是数字万用表的一个重要分支,其工作原理与电流互感器测电流是一样的。电流互感器的铁芯在捏紧扳手时可以张开;被测电流所通过的导线可以不必切断就可穿过铁心张开的缺口,当放开扳手后铁心闭合。穿过铁心的被测电路导线就成为电流互感器的一次线圈,其中通过电流便在二次线圈中感应出电流。从而使二次线圈相连接的电流表便有指示——测出被测线路的电流。

3.2 使用注意事项

(1)钳形表万用表可以通过转换开关的拨档,改换不同的量程。但拨档时不允许带电进行操作。钳形表一般准确度不高,通常为 2.5～5 级。为了使用方便,表内还有不同量程的转换开关供测不同等级电流以及测量电压的功能。

(2)钳形表万用表的工作原理和变压器一样。初级线圈就是穿过钳型铁芯的导线,相当于 1 匝的变压器的一次线圈,这是一个升压变压器。二次线圈和测量用的电流表构成二次回路。当导线有交流电流通过时,就是这一匝线圈产生了交变磁场,在二次回路中产生了感应电流,电流的大小和一次电流的比例,相当于一次和二次线圈的匝数的反比。钳型电流表用于测量大电流,如果电流不够大,可以将一次导线在通过钳型表增加圈数,同时将测得的电流数除以圈数。

(3)钳形表万用表的穿心式电流互感器的副边绕组缠绕在铁心上且与交流电流表相连,它的原边绕组即为穿过互感器中心的被测导线。旋钮实际上是一个量程选择开关,扳手的作用是开合穿心式互感器铁心的可动部分,以便使其钳人被测导线。测量电流时,按动扳手,打开钳口,将被测载流导线置于穿心式电流互感器的中间,当被测导线中有交变电流通过时,交流电流的磁通在互感器副边绕组中感应出电流,该电流通过电磁式电流表的线圈,使指针发生偏转,在表盘标度尺上指出被测电流值。

二、专用设备

1. 低压验电器

1.1 验电原理

原子核所带的正电荷和核外电子所带的负电荷之间相互作用的电性力,随物质的不同而有强弱。如果有若干个中性的原子或分子,由于外来原因,失去一个或若干个电子,则这些原子或分子内全部质子所带的正电荷多于全部电子所带的负电荷,于是,它们获得了正电荷而成为正离子;反之,如果有若干个中性的原子或分子从外界获得了一个或若干个电子,则这些原子或分子内的负电荷多于正电荷,于是,它们获得了负电荷而成为负离子。上述这些现象称为电离。在这两种电离情况下，对整个物体来说，都呈现带电状态。可以这么说，所有电磁现象都是电子的得失或运动而引起的，亦即，电子在其中扮演了重要的角色，如图 3-16 所示。

图 3-16 低压验电器示意

1.2 使用时注意事项

1.2.1   测试带电体前，一定先要测试已知有电的电源，以检查低压验电器中的氖泡能否正常发光。

1.2.2   在明亮的光线下测试时，往往不易看清氖泡的辉光，应当避光检测。

1.2.3   低压验电器的金属探头多制成螺丝刀形状，它只能承受很小的扭矩，使用时应特别注意，以防损坏。

1.2.4   低压验电器可用来区分相线和零线，测试时氖泡发亮的是相线，氖泡不亮的是中性线。

1.2.5   低压验电器可用来区分交流电和直流电，交流电通过氖泡时，两极附近都发亮；而直流电通过时，仅一个电极附近发亮。

1.2.6   低压验电器可用来判断电压的高低。如氖泡发暗红，轻微亮，则电压低；如氖泡发黄红色，很亮，则电压高。

1.2.7   低压验电器可用来识别相线接地故障。在三相四线制电路中，发生单相接地后，用低压验电器测试中性线，氖泡会发亮；在三相三线制星形连接电路中，用低压验电器测试三根相线，如果两相很亮，另一相不亮，则不亮这一相很可能有接地故障。

2. 低压核相仪

2.1 验电原理

0.4kV 配网不停电作业项目涉及核相工作，因此需要掌握核相仪的使用方法，如图 3-17 所示。

因为电力系统是三相供电系统，其三相之间有一个固定的相位差，当两个或两个以上的电源并列时，若相位或相续不同的交流并列或者合环将产生巨大的电流，造成发电机或电气设备的损坏，因此需要合相。为了正确的并列，不但要一次相续和相序正确，还要求二次相位和相序正确，否则也会发生非同期并列。

核相仪其基本原理是采集头获取被测高电压相位信号，经过处理后直接发射出去，由核相仪主机接收并进行相位比较与结果定性。

2.2 使用注意事项

（1）在配电柜和配电箱中，使用万用表进行核相。

（2）在低压架空线路上，常采用无线核相仪核相，手拿着 XY 发射器绝缘部分，接触 380V 线路，主机显示线路是否同相，如图 3-18 所示。

图 3-17 低压核相仪示意

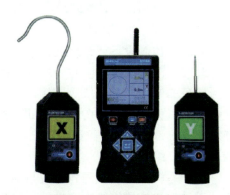

图 3-18 无线核相仪示意

（3）分别测已知相与校核相之间的电压，其同相电压接近 0V 或很小，非同相电压接近 380V。

3. 绝缘电阻测试仪

3.1 验电原理

绝缘电阻测试仪，广泛用于测量发电机、马达、配线、电器和其他的电气装置的绝缘电阻，它们往往被用于维护程序中来指示电机在数年内绝缘电阻的变化，绝缘电阻发生大的变化，就可能预示着潜在的故障危险，所以，就需要对其进行定期的校准，以确保测试仪本身没有随着时间发生大的变化，如图 3-19 所示。

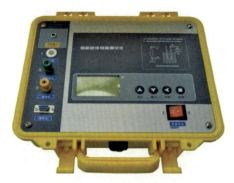

图 3-19   绝缘电阻测试仪示意

绝缘电阻测试仪通过用一个电压激励被测装置或网络，然后测量激励所产生的电流，利用欧姆定律测量出电阻，优良的测试仪校准包括可选的电阻器，这点与现代校准利用合成电阻功能提供的电阻器差别不大，几乎所有的绝缘测试仪采用的都是直流电压作为激励，所以对于绝缘电阻测试仪校准的交流要求较少，许多测试仪为两端设备，它提供一个电压，并测量由被测设备所决定的电流，对于消除泄漏通路以及被测未知电阻的并联元件非常有用，保护端的目的是消除可能产生的泄漏电流来选择性的输出寄生电阻性元件的影响较小为零。

3.2   使用时注意事项

3.2.1   校准时的一个主要问题是找到合适的电阻器，当然是首先要足够；还需要电阻值足够大，使其能够承受高直流电压。此外，对于应该采用什么样的电阻值来进行校准，制造商并没有统一标准，所以就需要各种各样的电阻值。通过了解各种不同的绝缘测试仪，可以知道它们需要不同的性能检查点。例如某个测试仪需要测试 50kΩ，而另一款测试仪则需要测试 60kΩ，再一款又需要测试 100kΩ 等。

3.2.2   被侧设备或线路测试前，应断开电源。

3.2.3   测量绝缘电阻时，先需要将被测试品与其他电源断开，短路放电，将仪表所配备的专用测试线依次连接，红色测试仪插入仪表试品与其他电源断开，短路放电，将黑色屏蔽线的白色芯线插入仪表的线路"L"端，另一端与被试品与大地绝缘的导电部分相接，测试电气产品的元件之间的绝缘电阻时，可将"L"端和"E"端接在任一组线上。

3.2.4   两根导线之间和导线与地之间应该保持适当的距离，绝缘电阻测试仪接线柱引出的丈量软线绝缘应良好，以免影响测量精度。

3.2.5   测量电容较大的电机、变压器、电缆、电容器时，应对其进行充分放电，以保证人身安全和测量准确。

3.2.6   测试过程中，被测设备或线路上不得有人工作。

3.2.7   表计电源未关闭前，切勿用手触及设备的测量部分或表计接线柱。拆线时，也不可直接触及引线裸露部分。

第四章

0.4kV 配网不停电作业项目分类

第一节 项目分类概述

根据国网公司 0.4kV 配网不停电作业项目相关工作总结,作业项目共计涉及四大类十九项作业内容。分别为架空线路作业类(内含主要 11 项作业项目)、电缆线路作业类(内含主要 2 项作业项目)、配电柜(房)作业类(内含主要 4 项作业项目)以及低压用户作业类(内含主要 2 项作业项目)。

第二节 作业项目分类

一、架空线路作业类

1. 带电简单消缺

1.1 带电调整导线沿墙敷设支架

本作业方法适用于包括调整导线沿墙敷设支架等简单消缺工。

在 0.4kV 配网不停电作业中,带电调整导线沿墙敷设支架是一种常见的作业任务。为了确保安全和顺利进行,该作业的主要步骤需要严格遵守国家电网公司相关作业标准操作流程,现将关键步骤概括如下,仅供参考。

1.1.1 准备工作:检查并确认需要调整的导线和支架的状况。检查导线是否有损伤、老化或磨损,以及支架是否稳固。

1.1.2 佩戴绝缘手套和绝缘鞋:为了避免触电,请务必佩戴绝缘手套和绝缘鞋。

1.1.3 使用绝缘工具:在调整导线时,使用绝缘工具,如绝缘棒或绝缘夹,以确保安全。

1.1.4 断开与导线相连的设备:在调整导线之前,请确保已断开与导线相连的所有设备,以避免在操作过程中发生意外。

1.1.5 调整导线：在确保安全的情况下，使用绝缘工具调整导线，使其沿墙敷设。在调整过程中，请注意导线与支架的距离，确保导线间距均匀。

1.1.6 固定导线：在调整导线至合适位置后，使用绝缘夹或螺丝固定导线，防止其晃动或松动。

1.1.7 检查结果：完成调整后，检查导线是否牢固，支架是否稳定。如有问题，及时进行修复。

1.1.8 恢复供电：在确认所有工作完成后，恢复与导线相连的设备供电。

1.2 带电清除异物

本作业方法适用于清除异物等简单消缺工作。

在 0.4kV 配网不停电作业中，带电清除异物是一种常见的作业任务。为了确保安全和顺利进行，该作业的主要步骤需要严格遵守国家电网公司相关作业标准操作流程，现将关键步骤概括如下，仅供参考。

1.2.1 准备工作：检查并确认需要清除异物的区域和设备。确保所有必要的工具和设备已准备就绪。

1.2.2 佩戴绝缘手套和绝缘鞋：为了避免触电，请务必佩戴绝缘手套和绝缘鞋。

1.2.3 使用绝缘工具：在清除异物时，使用绝缘工具，如绝缘棒或绝缘夹，以确保安全。

1.2.4 断开与导线相连的设备：在清除异物之前，请确保已断开与导线相连的所有设备，以避免在操作过程中发生意外。

1.2.5 清除异物：在确保安全的情况下，使用绝缘工具和绝缘夹清除导线上的异物。在清除过程中，注意保持与导线的距离，确保自己的安全。

1.2.6 检查结果：完成清除异物后，检查导线是否恢复正常，设备是否正常运行。如有问题，及时进行修复。

1.2.7 恢复供电：在确认所有工作完成后，恢复与导线相连的设备供电。

1.3 带电更换拉线

本作业方法适用于更换拉线等简单消缺工作。

在 0.4kV 配网不停电作业中，带电更换拉线是一种常见的作业任务。为了确保安全和顺利进行，该作业的主要步骤需要严格遵守国家电网公司相关作业标准操作流程，现将关键步骤概括如下，仅供参考。

1.3.1 准备工作：检查并确认需要更换拉线的区域和设备。确保所有必要的工具和设备已准备就绪。

1.3.2 佩戴绝缘手套和绝缘鞋：为了避免触电，请务必佩戴绝缘手套和绝缘鞋。

1.3.3 使用绝缘工具：在更换拉线时，使用绝缘工具，如绝缘棒或绝缘夹，以确保安全。

1.3.4　断开与导线相连的设备：在更换拉线之前，请确保已断开与导线相连的所有设备，以避免在操作过程中发生意外。

1.3.5　更换拉线：在确保安全的情况下，使用绝缘工具和绝缘夹更换导线。在更换过程中，注意保持与导线的距离，确保自己的安全。

1.3.6　调整拉线：更换拉线后，调整拉线的长度和角度，确保拉线紧固且符合规定。

1.3.7　检查结果：完成更换拉线后，检查导线是否牢固，设备是否正常运行。如有问题，及时进行修复。

1.3.8　恢复供电：在确认所有工作完成后，恢复与导线相连的设备供电。

2. 带电安装低压接地环

0.4kV 配网不停电作业中，带电安装低压接地环作业是指在保持电力系统运行情况下，对低压接地环进行安装或更换等维修工作。这种作业方式可以确保电力系统安全性，降低触电风险，提高供电质量。为了确保安全和顺利进行，该作业的主要步骤需要严格遵守国家电网公司相关作业标准操作流程，现将关键步骤概括如下，仅供参考。

2.1　准备工作：检查并确认需要进行维修的区域和设备，确保所有必要的工具和设备已准备就绪。

2.2　佩戴绝缘装备：确保工作人员佩戴绝缘手套、绝缘鞋等防护装备，以避免触电。

2.3　使用绝缘工具：在安装低压接地环时，使用绝缘棒或绝缘夹等工具，以确保安全。

2.4　确定安装位置：根据设计要求和规范，选择合适的地点安装低压接地环。

2.5　挖掘安装孔：在确定的安装位置挖掘合适的孔洞，以便安装低压接地环。

2.6　安装低压接地环：将低压接地环放入挖掘好的孔洞中，确保其稳固可靠。

2.7　连接接地线：将接地线与低压接地环连接，确保连接牢固可靠。

2.8　填充安装孔：在低压接地环周围填充土壤或其他材料，使接地环与土壤充分接触，提高接地效果。

2.9　检查结果：完成带电安装低压接地环作业后，检查接地线是否牢固，设备是否正常运行。

2.10　恢复供电：在确认所有工作完成后，恢复与接地线相连的设备供电。

带电安装低压接地环作业在提高供电可靠性的同时，还兼顾了电力系统的安全性。然而，这种作业方式对工作人员的技术要求较高，操作过程中必须确保安全。因此，在进行带电作业时，应严格按照规程操作，并做好防护措施。

3. 带电断低压接护线引线

0.4kV 配网不停电作业中，带电断低压接护线引线作业是指在保持电力系统运行的情况下，对低压接护线引线进行断开、连接或更换等维修工作。这种作业方式可以避免因停电导致的农业、工业生产和居民生活受到影响，提高电力系统的可靠性和供电质量。

在进行带电断低压接护线引线作业时，工作人员需要佩戴绝缘手套、绝缘鞋和其他防护装备，使用绝缘工具进行操作。在确保安全的前提下，按照设计要求和规范进行接护线引线的断开、连接或更换等工作。在操作过程中，应保持与导线的距离，确保自身安全。为了确保安全和顺利进行，该作业的主要步骤需要严格遵守国家电网公司相关作业标准操作流程，现将关键步骤概括如下，仅供参考。

3.1 准备工作：检查并确认需要进行维修的区域和设备，确保所有必要的工具和设备已准备就绪。

3.2 佩戴绝缘装备：确保工作人员佩戴绝缘手套、绝缘鞋等防护装备，以避免触电。

3.3 使用绝缘工具：在断低压接护线引线时，使用绝缘棒或绝缘夹等工具，以确保安全。

3.4 断开与导线相连的设备：在断低压接护线引线之前，确保已断开与导线相连的所有设备，以避免在操作过程中发生意外。

3.5 断开低压接护线引线：在确保安全的情况下，使用绝缘工具断开导线与接护线的连接。

3.6 连接或更换接护线引线：根据实际情况，连接或更换新的接护线引线，确保连接牢固可靠。

3.7 检查结果：完成带电断低压接护线引线作业后，检查导线是否断开干净，设备是否正常运行。

3.8 恢复供电：在确认所有工作完成后，恢复与导线相连的设备供电。

带电断低压接护线引线作业在提高供电可靠性的同时，还兼顾了农业、工业生产和居民生活的需求，降低了停电带来的影响。然而，这种作业方式对工作人员的技术要求较高，操作过程中必须确保安全。因此，在进行带电作业时，应严格按照规程操作，并做好防护措施。

4. 带电接低压接弧线引线

0.4kV 配网不停电作业中，带电接低压接弧线引线作业是指在保持电力系统运行的情况下，对低压接弧线引线进行连接或更换等维修工作。这种作业方式可以避免因停电导致的农业、工业生产和居民生活受到影响，提高电力系统的可靠性和供电质量。为了确保安全和顺利进行，该作业的主要步骤需要严格遵守国家电网公司相关作业标准操作流程，现将关键步骤概括如下，仅供参考。

4.1　准备工作：检查并确认需要进行维修的区域和设备，确保所有必要的工具和设备已准备就绪。

4.2　佩戴绝缘装备：确保工作人员佩戴绝缘手套、绝缘鞋等防护装备，以避免触电。

4.3　使用绝缘工具：在接低压接弧线引线时，使用绝缘棒或绝缘夹等工具，以确保安全。

4.4　断开与导线相连的设备：在接低压接弧线引线之前，请确保已断开与导线相连的所有设备，以避免在操作过程中发生意外。

4.5　连接低压接弧线引线：根据设计要求和规范，将新的接弧线引线与现有导线进行连接。注意保持与导线的距离，确保自己的安全。

4.6　处理连接后的接弧线引线：连接完成后，对新的接弧线引线进行检查，确保连接牢固可靠。

4.7　检查结果：完成带电接低压接弧线引线作业后，检查导线是否连接牢固，设备是否正常运行。

4.8　恢复供电：在确认所有工作完成后，恢复与导线相连的设备供电。

带电接低压接弧线引线作业在提高供电可靠性的同时，还兼顾了电力系统的安全性。然而，这种作业方式对工作人员的技术要求较高，操作过程中必须确保安全。因此，在进行带电作业时，应严格按照规程操作，并做好防护措施。

5. 带电断分支线路引线

0.4kV 配网不停电作业中，带电断分支线路引线作业是指在保持电力系统运行的情况下，对分支线路引线进行断开、连接或更换等维修工作。这种作业方式可以避免因停电导致的农业、工业生产和居民生活受到影响，提高电力系统的可靠性和供电质量。为了确保安全和顺利进行，该作业的主要步骤需要严格遵守国家电网公司相关作业标准操作流程，现将关键步骤概括如下，仅供参考。

5.1　准备工作：检查并确认需要进行维修的区域和设备，确保所有必要的工具和设备已准备就绪。

5.2　佩戴绝缘装备：确保工作人员佩戴绝缘手套、绝缘鞋等防护装备，以避免触电。

5.3　使用绝缘工具：在断分支线路引线时，使用绝缘棒或绝缘夹等工具，以确保安全。

5.4　断开与导线相连的设备：在断分支线路引线之前，请确保已断开与导线相连的所有设备，以避免在操作过程中发生意外。

5.5　断开分支线路引线：根据设计要求和规范，使用绝缘工具断开分支线路引线。注意保持与导线的距离，确保自己的安全。

5.6 连接或更换分支线路引线：根据实际情况，连接或更换新的分支线路引线，确保连接牢固可靠。

5.7 检查结果：完成带电断分支线路引线作业后，检查导线是否断开干净，设备是否正常运行。

5.8 恢复供电：在确认所有工作完成后，恢复与分支线路引线相连的设备供电。

带电断分支线路引线作业在提高供电可靠性的同时，还兼顾了电力系统的安全性。然而，这种作业方式对工作人员的技术要求较高，操作过程中必须确保安全。因此，在进行带电作业时，应严格按照规程操作，并做好防护措施。

6. 带电接分支线路引线

0.4kV 配网不停电作业中，带电接分支线路引线作业是指在保持电力系统运行的情况下，对分支线路引线进行连接或更换等维修工作。这种作业方式可以避免因停电导致的农业、工业生产和居民生活受到影响，提高电力系统的可靠性和供电质量。为了确保安全和顺利进行，该作业的主要步骤需要严格遵守国家电网公司相关作业标准操作流程，现将关键步骤概括如下，仅供参考。

6.1 准备工作：检查并确认需要进行维修的区域和设备，确保所有必要的工具和设备已准备就绪。

6.2 佩戴绝缘装备：确保工作人员佩戴绝缘手套、绝缘鞋等防护装备，以避免触电。

6.3 使用绝缘工具：在接分支线路引线时，使用绝缘棒或绝缘夹等工具，以确保安全。

6.4 断开与导线相连的设备：在接分支线路引线之前，请确保已断开与导线相连的所有设备，以避免在操作过程中发生意外。

6.5 连接分支线路引线：根据设计要求和规范，将新的分支线路引线与现有导线进行连接。注意保持与导线的距离，确保自己的安全。

6.6 处理连接后的分支线路引线：连接完成后，对新的分支线路引线进行检查，确保连接牢固可靠。

6.7 检查结果：完成带电接分支线路引线作业后，检查导线是否连接牢固，设备是否正常运行。

6.8 恢复供电：在确认所有工作完成后，恢复与分支线路引线相连的设备供电。

带电接分支线路引线作业在提高供电可靠性的同时，还兼顾了电力系统的安全性。然而，这种作业方式对工作人员的技术要求较高，操作过程中必须确保安全。因此，在进行带电作业时，应严格按照规程操作，并做好防护措施。

7. 带电断耐张线路引线

0.4kV 配网不停电作业中，带电断耐张线路引线作业是指在保持电力系统运行的情况下，对耐张线路引线进行断开、连接或更换等维修工作。这种作业方式可以避免因停电导致的农业、工业生产和居民生活受到影响，提高电力系统的可靠性和供电质量。为了确保安全和顺利进行，该作业的主要步骤需要严格遵守国家电网公司相关作业标准操作流程，现将关键步骤概括如下，仅供参考。

7.1 准备工作：检查并确认需要进行维修的区域和设备，确保所有必要的工具和设备已准备就绪。

7.2 佩戴绝缘装备：确保工作人员佩戴绝缘手套、绝缘鞋等防护装备，以避免触电。

7.3 使用绝缘工具：在断耐张线路引线时，使用绝缘棒或绝缘夹等工具，以确保安全。

7.4 断开与导线相连的设备：在断耐张线路引线之前，请确保已断开与导线相连的所有设备，以避免在操作过程中发生意外。

7.5 断开耐张线路引线：根据设计要求和规范，使用绝缘工具断开耐张线路引线。注意保持与导线的距离，确保自己的安全。

7.6 连接或更换耐张线路引线：根据实际情况，连接或更换新的耐张线路引线，确保连接牢固可靠。

7.7 检查结果：完成带电断耐张线路引线作业后，检查导线是否断开干净，设备是否正常运行。

7.8 恢复供电：在确认所有工作完成后，恢复与耐张线路引线相连的设备供电。

带电断耐张线路引线作业在提高供电可靠性的同时，还兼顾了电力系统的安全性。然而，这种作业方式对工作人员的技术要求较高，操作过程中必须确保安全。因此，在进行带电作业时，应严格按照规程操作，并做好防护措施。

8. 带电接耐张线路引线

0.4kV 配网不停电作业中，带电接耐张线路引线作业是指在保持电力系统运行的情况下，对耐张线路引线进行连接或更换等维修工作。这种作业方式可以避免因停电导致的农业、工业生产和居民生活受到影响，提高电力系统的可靠性和供电质量。为了确保安全和顺利进行，该作业的主要步骤需要严格遵守国家电网公司相关作业标准操作流程，现将关键步骤概括如下，仅供参考。

8.1 准备工作：检查并确认需要进行维修的区域和设备，确保所有必要的工具和设备已准备就绪。

8.2 佩戴绝缘装备：确保工作人员佩戴绝缘手套、绝缘鞋等防护装备，以避免触电。

8.3　使用绝缘工具：在接耐张线路引线时，使用绝缘棒或绝缘夹等工具，以确保安全。

8.4　断开与导线相连的设备：在接耐张线路引线之前，请确保已断开与导线相连的所有设备，以避免在操作过程中发生意外。

8.5　连接耐张线路引线：根据设计要求和规范，将新的耐张线路引线与现有导线进行连接。注意保持与导线的距离，确保自己的安全。

8.6　处理连接后的耐张线路引线：连接完成后，对新的耐张线路引线进行检查，确保连接牢固可靠。

8.7　检查结果：完成带电接耐张线路引线作业后，检查导线是否连接牢固，设备是否正常运行。

8.8　恢复供电：在确认所有工作完成后，恢复与耐张线路引线相连的设备供电。

带电接耐张线路引线作业在提高供电可靠性的同时，还兼顾了电力系统的安全性。然而，这种作业方式对工作人员的技术要求较高，操作过程中必须确保安全。因此，在进行带电作业时，应严格按照规程操作，并做好防护措施。

9. 带电带负荷处理线夹发热

0.4kV 配网不停电作业中，带电带负荷处理线夹发热作业是指在保持电力系统运行、负荷不变的情况下，对发热的线夹进行处理的过程。这种作业方式可以避免因停电导致的农业、工业生产和居民生活受到影响，提高电力系统的可靠性和供电质量。为了确保安全和顺利进行，该作业的主要步骤需要严格遵守国家电网公司相关作业标准操作流程，现将关键步骤概括如下，仅供参考。

9.1　准备工作：检查并确认需要进行维修的区域和设备，确保所有必要的工具和设备已准备就绪。

9.2　佩戴绝缘装备：确保工作人员佩戴绝缘手套、绝缘鞋等防护装备，以避免触电。

9.3　使用绝缘工具：在处理线夹发热问题时，使用绝缘棒或绝缘夹等工具，以确保安全。

9.4　检查线夹状况：在线夹发热的情况下，检查线夹的状况，确定发热原因，如过载、接触不良等。

9.5　调整负荷：根据实际情况，调整线夹所承受的负荷，避免过载导致线夹继续发热。

9.6　处理接触不良：对于接触不良导致的线夹发热，采取重新接触、涂抹绝缘脂等方法进行处理。

9.7　检查处理结果：完成处理后，检查线夹是否继续发热，确保处理效果。

9.8　监测线夹温度：在处理线夹发热问题后，定期监测线夹的温度，确保线夹正常运行。

带电带负荷处理线夹发热作业可以在保证供电可靠性的同时，有效解决线夹发热问题，确保电力系统的安全稳定运行。然而，这种作业方式对工作人员的技术要求较高，操作过程中必须确保安全。因此，在进行带电作业时，应严格按照规程操作，并做好防护措施。

10. 带电更换直流杆绝缘子

0.4kV 配网不停电作业中，带电更换直流杆绝缘子作业是指在保持电力系统运行的情况下，对直流杆上的绝缘子进行更换的一种作业方式。这种作业可以避免因停电导致的农业、工业生产和居民生活受到影响，提高电力系统的可靠性和供电质量。为了确保安全和顺利进行，该作业的主要步骤需要严格遵守国家电网公司相关作业标准操作流程，现将关键步骤概括如下，仅供参考。

10.1　准备工作：检查并确认需要进行维修的区域和设备，确保所有必要的工具和设备已准备就绪。

10.2　佩戴绝缘装备：确保工作人员佩戴绝缘手套、绝缘鞋等防护装备，以避免触电。

10.3　使用绝缘工具：在更换绝缘子时，使用绝缘棒或绝缘夹等工具，以确保安全。

10.4　断开与绝缘子相连的设备：在更换绝缘子之前，请确保已断开与绝缘子相连的所有设备，以避免在操作过程中发生意外。

10.5　拆除旧绝缘子：使用绝缘工具，按照设计要求和规范，将旧的绝缘子拆除。

10.6　安装新绝缘子：根据设计要求和规范，将新的绝缘子安装到直流杆上，注意保持与导线的距离，确保安全。

10.7　检查更换后的绝缘子：更换完成后，对新的绝缘子进行检查，确保安装牢固可靠。

10.8　恢复供电：在确认所有工作完成后，恢复与绝缘子相连的设备供电。

带电更换直流杆绝缘子作业在提高供电可靠性的同时，还兼顾了电力系统的安全性。然而，这种作业方式对工作人员的技术要求较高，操作过程中必须确保安全。因此，在进行带电作业时，应严格按照规程操作，并做好防护措施。

11. 旁路作业加装智能配电变压器终端

0.4kV 配网不停电作业中，旁路作业加装智能配电变压器终端作业是指在保持电力系统运行的情况下，对配电变压器进行加装智能终端设备的作业。这种作业方式可以避免因停电导致的农业、工业生产和居民生活受到影响，提高电力系统的可靠性和供电质量。为了确保安全和顺利进行，该作业的主要步骤需要严格遵守国家电网公司相关作业标准操作流程，现将关键步骤概括如下，仅供参考。

11.1 准备工作：检查并确认需要进行维修的区域和设备，确保所有必要的工具和设备已准备就绪。

11.2 佩戴绝缘装备：确保工作人员佩戴绝缘手套、绝缘鞋等防护装备，以避免触电。

11.3 使用绝缘工具：在加装智能终端设备时，使用绝缘棒或绝缘夹等工具，以确保安全。

11.4 断开与配电变压器相连的设备：在加装智能终端设备之前，请确保已断开与配电变压器相连的所有设备，以避免在操作过程中发生意外。

11.5 安装智能终端设备：根据设计要求和规范，将智能终端设备加装到配电变压器上。

11.6 连接智能终端设备：根据设计要求和规范，将智能终端设备与现有电力系统进行连接，注意保持与导线的距离，确保安全。

11.7 检查加装后的智能终端设备：加装完成后，对智能终端设备进行检查，确保设备正常运行。

11.8 恢复供电：在确认所有工作完成后，恢复与智能终端设备相连的设备供电。

旁路作业加装智能配电变压器终端作业在提高供电可靠性的同时，还兼顾了电力系统的安全性。然而，这种作业方式对工作人员的技术要求较高，操作过程中必须确保安全。因此，在进行带电作业时，应严格按照规程操作，并做好防护措施。

二、电缆线路作业类

12. 带电断低压空载电缆引线

0.4kV 配网不停电作业中，带电断低压空载电缆引线作业是指在保持电力系统运行的情况下，对低压空载电缆引线进行断开的一种作业方式。这种作业可以避免因停电导致的农业、工业生产和居民生活受到影响，提高电力系统的可靠性和供电质量。为了确保安全和顺利进行，该作业的主要步骤需要严格遵守国家电网公司相关作业标准操作流程，现将关键步骤概括如下，仅供参考。

12.1 准备工作：检查并确认需要进行维修的区域和设备，确保所有必要的工具和设备已准备就绪。

12.2 佩戴绝缘装备：确保工作人员佩戴绝缘手套、绝缘鞋等防护装备，以避免触电。

12.3 使用绝缘工具：在断低压空载电缆引线时，使用绝缘棒或绝缘夹等工具，以确保安全。

12.4 断开低压空载电缆引线：根据设计要求和规范，使用绝缘工具将低压空载电缆引线断开。

12.5 处理断开后的电缆引线：断开电缆引线后，对电缆进行处理，如重新连接、修复等。

12.6 检查断开后的电缆引线：完成处理后，检查断开后的电缆引线是否正常。

12.7 恢复供电：在确认所有工作完成后，恢复与断开电缆引线相连的设备供电。

带电断低压空载电缆引线作业在提高供电可靠性的同时，还兼顾了电力系统的安全性。然而，这种作业方式对工作人员的技术要求较高，操作过程中必须确保安全。因此，在进行带电作业时，应严格按照规程操作，并做好防护措施。

13. 带电接低压空载电缆引线

0.4kV 配网不停电作业中，带电接低压空载电缆引线作业是指在保持电力系统运行的情况下，对低压空载电缆引线进行接线的一种作业方式。这种作业可以避免因停电导致的农业、工业生产和居民生活受到影响，提高电力系统的可靠性和供电质量。为了确保安全和顺利进行，该作业的主要步骤需要严格遵守国家电网公司相关作业标准操作流程，现将关键步骤概括如下，仅供参考。

13.1 准备工作：检查并确认需要进行维修的区域和设备，确保所有必要的工具和设备已准备就绪。

13.2 佩戴绝缘装备：确保工作人员佩戴绝缘手套、绝缘鞋等防护装备，以避免触电。

13.3 使用绝缘工具：在接低压空载电缆引线时，使用绝缘棒或绝缘夹等工具，以确保安全。

13.4 准备接线：根据设计要求和规范，准备需要接线的电缆和接头。

13.5 连接电缆：使用绝缘工具，将准备好的电缆接头连接到相应的设备上。

13.6 固定电缆：连接完成后，将电缆固定在合适的位置，避免电缆受到损坏或影响电力系统运行。

13.7 检查接线效果：完成接线后，检查接线是否牢固可靠，电缆是否正常运行。

13.8 恢复供电：在确认所有工作完成后，恢复与接线相连的设备供电。

带电接低压空载电缆引线作业在提高供电可靠性的同时，还兼顾了电力系统的安全性。然而，这种作业方式对工作人员的技术要求较高，操作过程中必须确保安全。因此，在进行带电作业时，应严格按照规程操作，并做好防护措施。

三、配电柜（房）作业类

14. 低压配电柜（房）带电更换低压开关

0.4kV 配网不停电作业中，低压配电柜（房）带电更换低压开关作业是指在保持电力系统运行的情况下，对低压配电柜（房）中的低压开关进行更换的一种作业方式。这种作业可以避免因停电导致的农业、工业生产和居民生活受到影响，提高电力系统的可靠性和供电质量。为了确保安全和顺利进行，该作业的主要步骤需要严格遵守国家电网公司相关作业标准操作流程，现将关键步骤概括如下，仅供参考。

14.1 准备工作：检查并确认需要进行维修的区域和设备，确保所有必要的工具和设备已准备就绪。

14.2 佩戴绝缘装备：确保工作人员佩戴绝缘手套、绝缘鞋等防护装备，以避免触电。

14.3 使用绝缘工具：在更换低压开关时，使用绝缘棒或绝缘夹等工具，以确保安全。

14.4 断开与旧开关相连的电缆：在更换低压开关之前，需要先断开与旧开关相连的电缆，避免在操作过程中发生意外。

14.5 取下旧开关：使用绝缘工具，按照设计要求和规范，将旧的低压开关取下。

14.6 安装新开关：根据设计要求和规范，将新的低压开关安装到配电柜中。

14.7 连接新开关：根据设计要求和规范，将新开关与现有电力系统进行连接，注意保持与导线的距离，确保安全。

14.8 检查更换后的低压开关：更换完成后，对新安装的低压开关进行检查，确保设备正常运行。

14.9 恢复供电：在确认所有工作完成后，恢复与新开关相连的设备供电。

低压配电柜（房）带电更换低压开关作业在提高供电可靠性的同时，还兼顾了电力系统的安全性。然而，这种作业方式对工作人员的技术要求较高，操作过程中必须确保安全。因此，在进行带电作业时，应严格按照规程操作，并做好防护措施。

15. 低压配电柜（房）带电加装智能配电变压器终端

0.4kV 配网不停电作业中，低压配电柜（房）带电加装智能配电变压器终端作业是指在保持电力系统运行的情况下，对低压配电柜（房）中的智能配电变压器终端进行加装的一种作业方式。这种作业可以避免因停电导致的农业、工业生产和居民生活受到影响，提高电力系统的可靠性和供电质量。为了确保安全和顺利进行，该作业的主要步骤需要严格遵守国家电网公司相关作业标准操作流程，现将关键步骤概括如下，仅供参考。

15.1 准备工作：检查并确认需要进行维修的区域和设备，确保所有必要的工具和设备已准备就绪。

15.2 佩戴绝缘装备：确保工作人员佩戴绝缘手套、绝缘鞋等防护装备，以避免触电。

15.3 使用绝缘工具：在加装智能配电变压器终端时，使用绝缘棒或绝缘夹等工具，以确保安全。

15.4 断开与配电柜相连的设备：在加装智能终端设备之前，请确保已断开与配电柜相连的所有设备，以避免在操作过程中发生意外。

15.5 安装智能终端设备：根据设计要求和规范，将智能终端设备安装到配电柜中。

15.6 连接智能终端设备：根据设计要求和规范，将智能终端设备与现有电力系统进行连接，注意保持与导线的距离，确保安全。

15.7 检查加装后的智能终端设备：加装完成后，对智能终端设备进行检查，确保设备正常运行。

15.8 恢复供电：在确认所有工作完成后，恢复与智能终端设备相连的设备供电。

低压配电柜(房)带电加装智能配电变压器终端作业在提高供电可靠性的同时，还兼顾了电力系统的安全性。然而，这种作业方式对工作人员的技术要求较高，操作过程中必须确保安全。因此，在进行带电作业时，应严格按照规程操作，并做好防护措施。

16. 带电更换配电柜电容器

0.4kV 配网不停电作业中，带电更换配电柜电容器作业是指在保持电力系统运行的情况下，对配电柜中的电容器进行更换的一种作业方式。这种作业可以避免因停电导致的农业、工业生产和居民生活受到影响，提高电力系统的可靠性和供电质量。为了确保安全和顺利进行，该作业的主要步骤需要严格遵守国家电网公司相关作业标准操作流程，现将关键步骤概括如下，仅供参考。

16.1 准备工作：检查并确认需要进行维修的区域和设备，确保所有必要的工具和设备已准备就绪。

16.2 佩戴绝缘装备：确保工作人员佩戴绝缘手套、绝缘鞋等防护装备，以避免触电。

16.3 使用绝缘工具：在更换电容器时，使用绝缘棒或绝缘夹等工具，以确保安全。

16.4 断开与旧电容器相连的电缆：在更换电容器之前，需要先断开与旧电容器相连的电缆，避免在操作过程中发生意外。

16.5 取下旧电容器：使用绝缘工具，按照设计要求和规范，将旧的电容器取下。

16.6 安装新电容器：根据设计要求和规范，将新的电容器安装到配电柜中。

16.7 连接新电容器：根据设计要求和规范，将新电容器与现有电力系统进行连接，注意保持与导线的距离，确保安全。

16.8 检查更换后的电容器：更换完成后，对新安装的电容器进行检查，确保设备正常运行。

16.9 恢复供电：在确认所有工作完成后，恢复与新电容器相连的设备供电。

带电更换配电柜电容器作业在提高供电可靠性的同时，还兼顾了电力系统的安全性。然而，这种作业方式对工作人员的技术要求较高，操作过程中必须确保安全。因此，在进行带电作业时，应严格按照规程操作，并做好防护措施。

17. 低压配电柜（房）带电新增用户出线

0.4kV 配网不停电作业中，低压配电柜（房）带电新增用户出线作业是指在保持电力系统运行情况下，对低压配电柜（房）中新增用户出线进行接线的一种作业方式。这种作业可以避免因停电导致的农业、工业生产和居民生活受到影响，提高电力系统的可靠性和供电质量。为了确保安全和顺利进行，该作业的主要步骤需要严格遵守国家电网公司相关作业标准操作流程，现将关键步骤概括如下，仅供参考。

17.1 准备工作：检查并确认需要进行维修的区域和设备，确保所有必要的工具和设备已准备就绪。

17.2 佩戴绝缘装备：确保工作人员佩戴绝缘手套、绝缘鞋等防护装备，以避免触电。

17.3 使用绝缘工具：在接线过程中，使用绝缘棒或绝缘夹等工具，以确保安全。

17.4 断开与新增用户出线相连的设备：在接线之前，需要先断开与新增用户出线相连的所有设备，避免在操作过程中发生意外。

17.5 连接新增用户出线：根据设计要求和规范，将新增用户出线与现有电力系统进行连接，注意保持与导线的距离，确保安全。

17.6 检查新增用户出线连接：连接完成后，对新增用户出线进行检查，确保连接牢固可靠，电缆正常运行。

17.7 恢复供电：在确认所有工作完成后，恢复与新增用户出线相连的设备供电。

低压配电柜（房）带电新增用户出线作业在提高供电可靠性的同时，还兼顾了电力系统的安全性。然而，这种作业方式对工作人员的技术要求较高，操作过程中必须确保安全。因此，在进行带电作业时，应严格按照规程操作，并做好防护措施。

四、低压用户作业类

18. 临时电源供电

0.4kV 配网不停电作业中，临时电源供电作业是指在保持电力系统运行的情况下，为满足临时用电需求，将临时电源接入现有电力系统的一种作业方式。这种作业可以避免因停电导致的农业、工业生产和居民生活受到影响，提高电力系统的可靠性和供电质量。为了确保安全和顺利进行，该作业的主要步骤需要严格遵守国家电网公司相关作业标准操作流程，现将关键步骤概括如下，仅供参考。

18.1　准备工作：检查并确认需要进行维修的区域和设备，确保所有必要的工具和设备已准备就绪。

18.2　选择临时电源：根据临时用电需求，选择合适的临时电源，如发电机、移动电源等。

18.3　接入临时电源：按照设计要求和规范，将临时电源与现有电力系统进行连接，注意保持与导线的距离，确保安全。

18.4　安装临时电源配电设备：根据需求，安装临时电源的配电设备，如临时配电箱、电缆等。

18.5　检查临时电源连接：连接完成后，对临时电源进行检查，确保连接牢固可靠，设备正常运行。

18.6　启用临时电源：在确认所有工作完成后，启用临时电源，为需要用电的设备提供电力。

18.7　监控临时电源运行：在临时电源供电过程中，对电力系统进行实时监控，确保电力系统安全稳定运行。

18.8　撤离临时电源：在临时用电需求结束时，按照相关规定和程序，拆除临时电源及配电设备，恢复原有电力系统。

临时电源供电作业在满足临时用电需求的同时，也要确保电力系统的安全性和稳定性。因此，在进行临时电源供电作业时，应严格按照规程操作，并做好防护措施。

19. 架空线路（配电柜）临时取电向配电柜供电

0.4kV 配网不停电作业中，架空线路（配电柜）临时取电向配电柜供电作业是指在保持电力系统运行的情况下，通过临时接线的方式，从架空线路或配电柜取得电源，并将其供应给需要用电的设备的一种作业方式。这种作业可以避免因停电导致的农业、工业生产和居民生活受到影响，提高电力系统的可靠性和供电质量。为了确保安全和顺利进行，该作业的主要步骤需要严格遵守国家电网公司相关作业标准操作流程，现将关键步骤概括如下，仅供参考。

19.1　准备工作：检查并确认需要进行维修的区域和设备，确保所有必要的工具和设备已准备就绪。

19.2　选择临时接线位置：根据临时用电需求，选择合适的临时接线位置，注意应确保接线位置的安全和可靠性。

19.3　断开原有电源：在接线之前，需要先断开与临时接线位置相连的所有设备，避免在操作过程中发生意外。

19.4　连接临时接线：按照设计要求和规范，将临时电缆与现有电力系统进行连接，注意保持与导线的距离，确保安全。

19.5　检查临时接线：连接完成后，对临时接线进行检查，确保连接牢固可靠，电缆正常运行。

19.6　启用临时电源：在确认所有工作完成后，启用临时电源，为需要用电的设备提供电力。

19.7　监控临时电源运行：在临时电源供电过程中，对电力系统进行实时监控，确保电力系统安全稳定运行。

19.8　拆除临时接线：在临时用电需求结束时，按照相关规定和程序，拆除临时电缆及接线设备，恢复原有电力系统。

架空线路（配电柜）临时取电向配电柜供电作业在满足临时用电需求的同时，也要确保电力系统的安全性和稳定性。因此，在进行临时取电作业时，应严格按照规程操作，并做好防护措施。

第二部分
实 操 作 业

第五章

典型实操作业精选

第一节 0.4kV 带电安装低压接地环

一、适用范围

本作业方法适用于 0.4kV 绝缘手套作业法低压带电作业车带电安装低压接地环作业。图 5-1 为本项作业的标准化作业现场。

图 5-1 0.4kV 带电安装低压接地环标准化作业现场示意

二、规范性引用文件

1. GB 17622 带电作业用绝缘手套通用技术条件
2. GB/T 18037 带电作业工具基本技术要求与设计导则
3. GB/T 14286 带电作业工具设备术语
4. GB/T 2900.55 电工术语、带电作业
5. GB/T 18857 配电线路带电作业技术导则

6. DL/T 320　个人电弧防护用品通用技术要求

7. DL/T 878　带电作业用绝缘工具试验导则

8. Q/GDW 10799.8　国家电网有限公司电力安全工作规程第八部分：配电部分

9. Q/GDW 12218　低压交流配网不停电技术导则

10. Q/GDW 1519　配网运维规程

11. Q/GDW 10520　10kV配网不停电作业规范

12. Q/GDW 745　配网设备缺陷分类标准

13. Q/GDW 11261　配网检修规程

三、作业前准备

1. 现场勘察（见表 5-1）

表 5-1　　　　　　　　　　现场勘察工作细节示意

✓	序号	内容	标准	备注
	1	现场勘察	（1）现场工作负责人应提前组织有关人员进行现场勘察，根据勘察结果做出能否进行带电作业的判断，并确定作业方法及应采取的安全技术措施。 （2）现场勘察包括下列内容：作业现场条件是否满足施工要求，能否使用低压带电作业车，以及存在的作业危险点等。 （3）工作线路双重名称、杆号。 1）杆身完好无裂纹； 2）埋深符合要求； 3）基础牢固； 4）周围无影响作业的障碍物。 （4）线路装置是否具备带电作业条件。本项作业应检查确认的内容有： 1）是否具备带电作业条件； 2）作业范围内地面土壤坚实、平整，符合低压带电作业车安置条件。 （5）工作负责人指挥工作人员检查工作票所列安全措施，在工作票上补充安全措施	
	2	了解现场气象条件	了解现场气象条件，判断是否符合《国家电网有限公司电力安全工作规程第八部分：配电部分》对带电作业要求。 1）天气应晴好，无雷、雨、雪、雾； 2）风力不大于 5 级； 3）相对湿度不大于 80%	
	3	组织现场作业人员学习作业指导书	掌握整个操作程序，理解工作任务及操作中的危险点及控制措施	
	4	填写工作票并签发	按要求填写配电带电作业工作票，安全措施应符合现场实际，工作票应提前一天签发	

2. 现场作业人员的基本要求（见表5-2）

表5-2　　　　　　　　现场作业人员的基本要求示意

√	序号	内容	备注
	1	作业人员应身体状况良好，情绪稳定，精神集中	
	2	作业人员应具备必要的电气知识，熟悉配电线路带电作业规范	
	3	作业人员经培训合格，取得相应作业资质，并熟练掌握配电线路带电作业方法及技术	
	4	作业人员必须掌握《国家电网有限公司电力安全工作规程第八部分：配电部分》相关知识，并经考试合格	
	5	作业人员应掌握紧急救护法，特别要掌握触电急救方法	
	6	作业人员应两穿一戴，个人工具和劳保防护用品应合格齐备	

3. 作业人员分工

表5-3　　　　　　　　作业人员分工示意

√	序号	人员分工	工作内容	人数
	1	工作负责人	负责交代工作任务、安全措施和技术措施，履行监护职责	1人
	2	斗内电工	负责安装接地环作业	1人
	3	地面电工	负责地面配合作业	1人
	4	专责监护人（可由工作负责人兼任）	监护作业点	1人

4. 危险点分析

表5-4　　　　　　　　危险点分析示意

√	序号	内容
	1	工作负责人、专责监护人监护不到位，使作业人员失去监护
	2	未设置防护措施及安全围栏、警示牌，发生行人车辆进入作业现场，造成危害发生
	3	低压带电作业车位置停放不佳，坡度过大，造成车辆倾覆人员伤亡事故
	4	作业人员未对低压带电作业车支腿情况进行检查，误支放在沟道盖板上、未使用垫块或枕木、支撑不到位，造成车辆倾覆人员伤亡事故
	5	低压带电作业车操作人员未将低压带电作业车可靠接地
	6	遮蔽作业时动作幅度过大，接触带电体形成回路，造成人身伤害
	7	遮蔽不完整，留有漏洞、带电体暴露，作业时接触带电体形成回路，造成人身伤害

续表

√	序号	内容
	8	在同杆架设线路上工作，与上层线路小于安全距离规定且无法采取安全措施，造成人身伤害
	9	安装接地环时，人体串入电路，造成人身伤害
	10	未能正确使用个人防护用品，造成高处坠落人员伤害
	11	地面人员在作业区下方逗留，造成高处落物伤害

5. 安全注意事项

表5-5　　　　　　　安 全 注 意 事 项 示 意

√	序号	内容
	1	作业现场应有专人负责指挥施工，做好现场的组织、协调工作。作业人员应听从工作负责人指挥。工作负责人应履行监护职责，要选择便于监护的位置，监护的范围不得超过一个作业点
	2	作业现场应设置安全围栏、警示标志，防止行人及其他车辆进入作业现场，必要时应派专人守护
	3	低压带电作业车应停放到最佳位置： 1）停放的位置应便于低压带电作业车绝缘斗到达作业位置，避开邻近的电力线和障碍物； 2）停放位置坡度不大于7°； 3）低压带电作业车宜顺线路停放
	4	作业人员对低压带电作业车支腿情况进行检查，向工作负责人汇报检查结果。检查标准为： 1）应支放在平坦稳定的地面上，不应支放在沟道盖板上； 2）软土地面应使用垫块或枕木，垫板重叠不超过2块； 3）支撑应到位。车辆前后、左右呈水平，整车支腿受力
	5	低压带电作业车操作人员将低压带电作业车可靠接地
	6	带电作业应戴低压带电作业手套、绝缘安全帽（带防弧面屏）、穿防电弧服，并保持对地绝缘；遮蔽作业时动作幅度不得过大，防止造成相间、相对地放电；若存在相间短路风险应加装绝缘遮蔽（隔离）措施
	7	遮蔽应完整，遮蔽应有重叠，避免留有漏洞、带电体暴露，作业时接触带电体形成回路，造成人身伤害
	8	正确使用个人防护用品，安全带进行冲击试验，避免意外断裂造成高处坠落人员伤害
	9	地面人员不得在作业区下方逗留，避免造成高处落物伤害

四、工器具及材料

领用带电作业工器具应核对电压等级和试验周期，并检查外观及试验标签完好无损。

工器具在运输过程中，应存放在专用工具袋、工具箱或工具车内，以防受潮和损伤。

1. 专项作业个人防护用具、承载用具

领用带电作业工器具应核对电压等级和试验周期，并检查外观完好无损。工器具在运输过程中，应存放在专用工具袋、工具箱或工具车内，以防受潮和损伤。

0.4kV 带电安装低压接地环作业项目涉及如下个人防护用具。

表5-6　　　　　　　　　作业项目涉及个人防护用具

序号	名称	单位	数量	图示	备注
1	0.4kV 带电作业手套	副	1	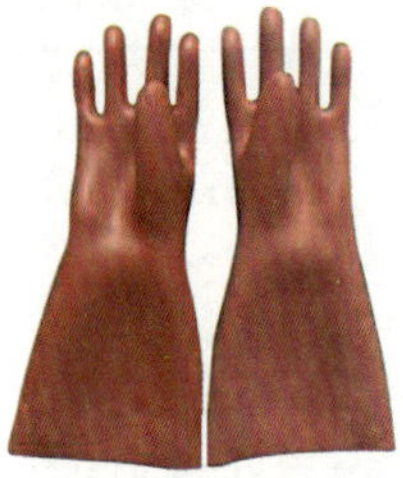	具备绝缘、防弧、防刺穿功能。GCA—41；<6.8cal/cm², 绝缘耐压等级 0.4kV
2	绝缘鞋（靴）	双	7		根据相关安全技术标准及现场实际情况选定型号
3	双控背带式安全带	副	1		斗臂车用背部挂点，带缓冲绳
4	安全帽	顶	3		根据相关安全技术标准及现场实际情况选定型号

续表

序号	名称	单位	数量	图示	备注
5	安全帽（带防弧面罩）	副	1	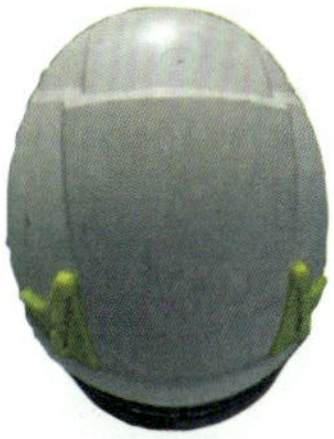	0.4kV 带电作业用，防电弧能力不小于 $6.8cal/cm^2$。绝缘耐压等级 0.4kV
6	防电弧服 $8cal/cm^2$	套	1		防电弧能力不小于 $6.8cal/cm^2$，$8cal/cm^2$

2. 0.4kV 专项作业特种车辆及绝缘工具

0.4kV 带电安装低压接地环作业项目涉及如下绝缘工具。

表 5-7　　　　　　　　作业项目涉及特种车辆及绝缘工具

序号	名称	单位	数量	图示	备注
1	低压带电作业车	辆	1		根据现场实际情况安排
2	绝缘绳	个	4		根据相关安全技术标准及现场实际情况选定标准型号
3	绝缘斗外挂工具包	个	1		根据相关安全技术标准及现场实际情况选定标准型号

序号	名称	单位	数量	图示	备注
4	绝缘毯	块	若干	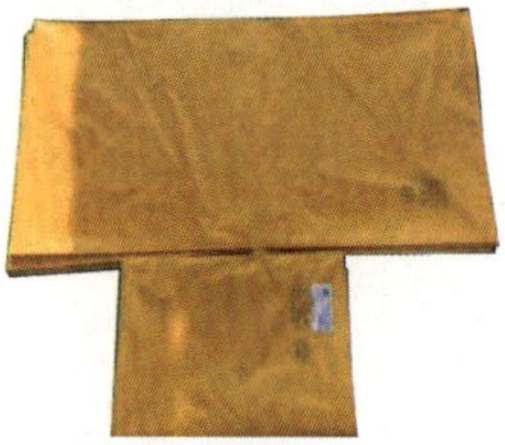	根据相关安全技术标准及现场实际情况选定标准型号，绝缘耐压等级为 1kV
5	绝缘毯夹	只	若干		根据相关安全技术标准及现场实际情况选定标准型号
6	绝缘活络扳手	把	1	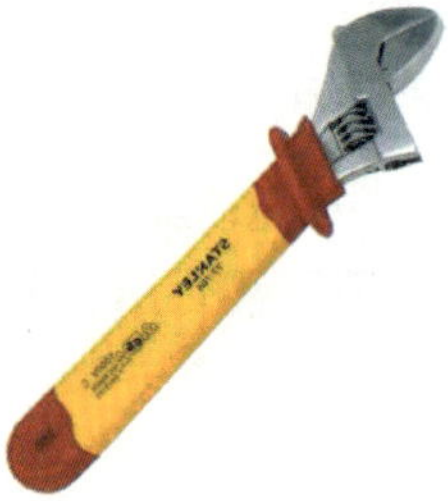	根据相关安全技术标准及现场实际情况选定标准型号
7	绝缘棘轮扳手套装	套	1	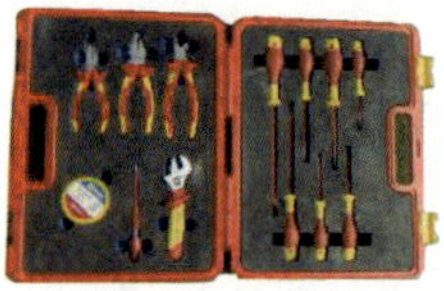	带 12mm、14mm、17mm 套筒，绝缘耐压等级 1kV
8	绝缘导线遮蔽罩	个	若干	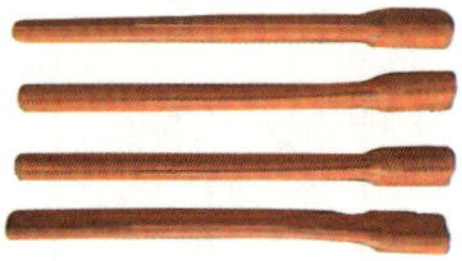	根据相关安全技术标准及现场实际情况选定标准型号

3. 辅助工具

表 5-8 作业项目涉及辅助工具

序号	名称	单位	数量	图示	备注
1	防潮苫布	块	1		根据相关安全技术标准及现场实际情况选定标准型号
2	钢丝刷	个	1		根据相关安全技术标准及现场实际情况选定标准型号
3	剥皮器	把	1		根据相关安全技术标准及现场实际情况选定标准型号
4	低压带电作业手套充气装置	个	1		根据相关安全技术标准及现场实际情况选定标准型号

4. 其他工具及仪器仪表设备

表 5-9 作业项目涉及其他工具及仪器仪表设备示意

序号	名称	单位	数量	图示	备注
1	交通安全警示牌	块	2		"车辆慢行"或"车辆绕行"

续表

序号	名称	单位	数量	图示	备注
2	围栏（网）、安全警示牌等	套	若干		国网专用
3	低压声光验电器	块	1		0.4kV
4	温湿度仪	块	1		根据相关安全技术标准及现场实际情况选定标准型号
5	风速仪	台	1		根据相关安全技术标准及现场实际情况选定标准型号

5. 所需材料

表 5-10　　　　　　　　　　作业项目所需材料示意

序号	名称	单位	数量	图示	备注
1	低压接地环	支	4	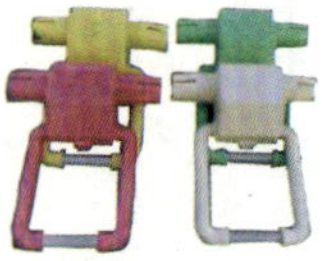	作业专用
2	清洁干燥毛巾	条	2	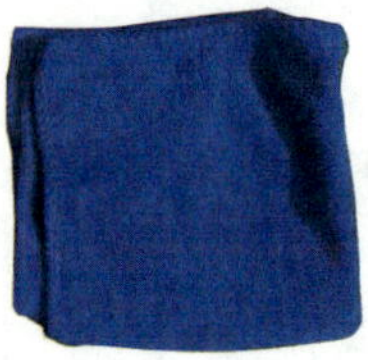	保持干燥、干净

五、作业程序

1. 现场复勘

表 5-11　　　　　　　　　　　　　现场复勘工作内容示意

√	序号	内容
	1	工作负责人指挥工作人员核对工作线路双重名称、杆号
	2	工作负责人指挥工作人员检查地形环境是否符合作业要求： 1）杆身完好无裂纹； 2）埋深符合要求； 3）基础牢固； 4）周围无影响作业的障碍物
	3	工作负责人指挥工作人员检查线路装置是否具备带电作业条件。本项作业应检查确认的内容有： 1）是否具备带电作业条件； 2）作业范围内地面土壤坚实、平整，符合低压带电作业车安置条件
	4	线路装置是否具备带电作业条件
	5	工作负责人指挥工作人员检查气象条件： 1）天气应晴好，无雷、雨、雪、雾； 2）风力不大于 5 级； 3）相对湿度不大于 80%
	6	工作负责人指挥工作人员检查工作票所列安全措施，在工作票上补充安全措施

2. 操作步骤

2.1　开工

2.1.1　执行工作许可制度

（1）工作负责人按工作票内容与设备运维管理单位联系，获得设备运维管理单位工作许可。

（2）工作负责人在工作票上签字，并记录许可时间。

2.1.2　召开班前会

（1）工作负责人宣读工作票。

（2）工作负责人检查工作班组成员精神状态，交代工作任务进行分工，交代工作中的安全措施和技术措施。

（3）工作负责人检查班组各成员对工作任务分工、安全措施和技术措施是否明确。

（4）班组各成员在工作票上签名确认。

2.1.3 停放低压带电作业车

（1）车辆驾驶员将低压带电作业车停放到合适的位置：

1）停放的位置应便于低压带电作业车绝缘斗到达作业位置，避开邻近电力线和障碍物；

2）停放位置坡度不大于 7°，低压带电作业车宜顺线路停放，如图 5-2 所示。

图 5-2 按要求停放低压带电作业车示意

（2）车辆操作人员支放低压带电作业车支腿，作业人员对支腿情况进行检查，向工作负责人汇报检查结果。检查标准为：

1）应支放在平坦稳定的地面上，不应支放在沟道盖板上。

2）软土地面应使用垫块或枕木，垫板重叠不超过 2 块。

3）支撑应到位。车辆前后、左右呈水平；支腿应全部伸出，整车支腿受力，如图 5-3 所示。

图 5-3 按要求正确支放支腿示意

（3）车辆操作人员将低压带电作业车可靠接地。

2.1.4 布置工作现场

（1）工作负责人组织班组成员设置工作现场的安全围栏、安全警示标志：

1）安全围栏的范围应考虑作业中高空坠落和高空落物的影响以及道路交通，必要时联系交通部门，如图 5-4 所示。

图5-4　工作现场安全防护工作示意

2）警示标示应包括"从此进出""在此工作"等，道路两侧应有"车辆慢行"或"车辆绕行"标示或路障，如图5-5所示。

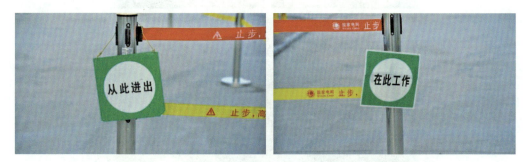

图5-5　工作现场"从此进出""在此工作"标识牌示意

（2）班组成员按要求将绝缘工器具放在防潮苫布上：

1）防潮苫布应清洁、干燥；

2）工器具应按定置管理要求分类摆放，绝缘工器具不能与金属工具、材料混放，如图5-6所示。

图5-6　工器具按定置管理要求分类摆放示意

2.2 检查

2.2.1 检查绝缘工器具

（1）班组成员使用清洁干燥毛巾逐件对绝缘工器具进行擦拭并进行外观检查：

1）检查人员应戴清洁、干燥的手套，如图 5-7 所示。

图 5-7 工作人员戴清洁、干燥的手套进行清洁工作示意

2）绝缘工具表面不应磨损、变形损坏，操作应灵活，如图 5-8 所示。

图 5-8 工作人员逐项清洁绝缘工具示意

3）个人安全防护用具和遮蔽、隔离用具应无针孔、无砂眼、无裂纹，如图 5-9 所示。

图 5-9 工作人员个人安全防护用具检查示意

（2）绝缘工器具检查完毕，向工作负责人汇报检查结果。

2.2.2 检查低压带电作业车

（1）斗内电工检查低压带电作业车表面状况：绝缘斗应清洁、无裂纹损伤，如图5-10所示。

图5-10 斗内电工检查低压带电作业车表面状况及清洁绝缘斗示意

（2）试操作低压带电作业车：

1）试操作应空斗进行，如图5-11所示。

图5-11 空斗试操作示意

2）试操作应充分，有回转、升降、伸缩的过程。确认液压、机械、电气系统正常可靠、制动装置可靠，如图5-12所示。

图5-12 充分试操作示意

（3）低压带电作业车检查和试操作完毕，斗内电工向工作负责人汇报检查结果。

2.2.3　检查接地环

（1）接地环外观无损坏等情况，螺丝顺滑无卡涩；

（2）接地环绝缘罩完好无破损，如图 5-13 所示。

图 5-13　作业人员按要求检查接地环示意

2.3　作业施工

2.3.1　斗内电工进入绝缘斗

（1）斗内电工穿戴好个人防护用具：

1）绝缘防护用具包括安全帽（带防弧面罩）、低压带电作业手套、绝缘鞋、防电弧服等，如图 5-14 所示。

图 5-14　作业人员按要求穿戴个人防护用具示意

2）工作负责人应检查斗内电工防护用具的穿戴是否正确。

（2）斗内电工进入绝缘斗，如图 5-15 所示，地面电工配合传递工器具：

1）工器具应分类放置工具袋中；

2）工器具的金属部分不准超出绝缘斗边缘面；

3）工具和人员重量不得超过绝缘斗额定载荷。

图 5-15　地面电工配合传递工器具示意

（3）斗内电工将安全带系挂在斗内专用挂钩上，如图 5-16 所示。

图 5-16　斗内电工将安全带系挂在斗内专用挂钩上示意

2.3.2　进入带电作业区域

斗内电工经工作负责人许可后，进入带电作业区域：

1）斗内电工在作业过程中不得失去安全带保护；

2）斗内电工人身不得过度探出车斗，失去平衡，如图 5-17 所示。

图 5-17　斗内电工经工作负责人许可后，进入带电作业区域示意

2.3.3 验电

斗内电工使用验电器确认作业现场无漏电现象：

1）在工频信号发生器或带电导线上检验验电器是否完好；

2）验电时作业人员应与带电导体保持安全距离，验电顺序应由近及远，验电时应戴低压带电作业手套，如图 5−18 所示。

图 5−18　斗内电工验电操作示意

3）检验作业现场接地构件有无漏电现象，确认无漏电现象，验电结果汇报工作负责人。

2.3.4 设置绝缘遮蔽隔离措施

获得工作负责人的许可后，斗内电工转移绝缘斗到近边相导线合适工作位置，按照"从近到远"的顺序对作业中可能触及的带电体、接地体进行绝缘遮蔽隔离：

1）依次对导线按照"先近后远"的顺序原则进行绝缘遮蔽；

2）斗内电工在对带电体设置绝缘遮蔽隔离措施时，动作应轻缓；

3）绝缘遮蔽隔离措施应严密、牢固，绝缘遮蔽组合应有重叠，如图 5−19 所示。

图 5−19　斗内电工设置绝缘遮蔽隔离措施示意

2.3.5 安装接地环

（1）斗内电工检查确认遮蔽无误。

（2）获得工作负责人的许可后，作业电工按"先近后远"原则使用专用绝缘导线剥皮工具剥削绝缘导线绝缘层。剥离处距离导线固定点不小于 50cm，如图 5-20 所示。

图 5-20　斗内电工使用专用绝缘导线剥皮工具剥削绝缘导线绝缘层示意

（3）对剥皮处导线进行氧化层处理，清除导线氧化层，如图 5-21 所示。

图 5-21　斗内电工清除导线氧化层示意

（4）在剥皮处导线上安装专用接地环（如是绝缘导线，接地环安装后再加装绝缘罩），如图 5-22 所示。

图 5-22　在剥皮处导线上安装专用接地环示意

（5）在安装好接地环的导线上，安装绝缘导线遮蔽罩或绝缘毯，恢复绝缘隔离措施，对其余邻相导线按照（2）～（4）步骤进行相同操作，安装接地环。

另外，安装时需注意以下细节：

第一，接地环的安装位置相互交错，避免相间距离不足，A相、零线上的接地环保持一水平线，B相、C相导线上的接地环保持一水平线。

第二，上下传递工具、材料均应使用绝缘绳传递，严禁抛、扔。

第三，作业电工在转移作业位置、接触带电导线前均应得到工作负责人的许可。

2.3.6 拆除绝缘遮蔽隔离措施

在获得工作负责人的许可后：

（1）斗内电工检查确认接地环安装无误后，拆除绝缘遮蔽。

（2）斗内电工在对带电体拆除绝缘遮蔽隔离措施时，动作应轻缓。

（3）绝缘遮蔽用具的拆除，按照"从远到近"的原则拆除绝缘遮蔽，如图5-23所示。

图 5-23 拆除绝缘遮蔽隔离措施示意

（4）绝缘斗退出带电工作区域，作业人员返回地面。

2.3.7 撤离作业面

（1）斗内电工清理工作现场，杆上、线上无遗留物，向工作负责人汇报。

（2）工作负责人应进行全面检查安装质量，符合运行条件，确认工作完成无误后，向工作许可人汇报。

（3）低压带电作业车收回，如图5-24所示。

图 5-24 经工作负责人同意，绝缘斗退出带电工作区域示意

2.4　施工质量检查

现场工作负责人全面检查作业质量，无遗漏的工具、材料等，如图 5-25 所示。

图 5-25　施工质量检查示意

2.5　完工

现场工作负责人全面检查工作完成情况。

六、工作结束

表 5-12　　　　　　　　　　工作结束注意事项内容示意

√	序号	作业内容
	1	清理工具及现场： 1）收回工器具、材料，摆放在防潮苦布上； 2）工作负责人全面检查工作完成情况，清点整理工具、材料，将工器具清洁后放入专用的箱（袋）中，组织班组成员认真检查现场无遗留物，无误后撤离现场，做到"工完料尽场地清"
	2	办理工作终结手续：工作负责人向设备运维管理单位（工作许可人）汇报工作结束，终结工作票
	3	召开收工会：工作负责人组织召开现场收工会，做工作总结和点评工作： 1）正确点评本项工作的施工质量； 2）点评班组成员在作业中的安全措施的落实情况； 3）点评班组成员对规程的执行情况
	4	作业人员撤离现场

第二节 0.4kV 带电接低压接户线引线

一、适用范围

本作业方法适用于 0.4kV 带电接低压接户线（集束电缆、普通低压电缆、铝塑线）引线（空载）作业。图 5-26 为本项作业的标准化作业现场。

图 5-26 0.4kV 带电接低压接户线标准化作业现场示意

二、规范性引用文件

1. GB 17622 带电作业用绝缘手套通用技术条件
2. GB/T 18037 带电作业工具基本技术要求与设计导则
3. GB/T 14286 带电作业工具设备术语
4. GB/T 2900.55 电工术语、带电作业
5. GB/T 18857 配电线路带电作业技术导则
6. DL/T 320 个人电弧防护用品通用技术要求
7. DL/T 878 带电作业用绝缘工具试验导则
8. Q/GDW 10799.8 国家电网有限公司电力安全工作规程 第八部分：配电部分
9. Q/GDW 12218 低压交流配网不停电技术导则
10. Q/GDW 1519 配网运维规程
11. Q/GDW 10520 10kV 配网不停电作业规范

12. Q/GDW 745 配网设备缺陷分类标准
13. Q/GDW 11261 配网检修规程

三、作业前准备

1. 现场勘察

表 5-13   现场勘察工作细节示意

√	序号	内容	标准	备注
	1	现场勘察	（1）现场工作负责人应提前组织有关人员进行现场勘察，根据勘察结果做出能否进行带电作业的判断，并确定作业方法及应采取的安全技术措施。 （2）现场勘察包括下列内容：作业现场条件是否满足施工要求，能否使用低压带电作业车，以及存在的作业危险点等。 （3）工作线路双重名称、杆号。 1）杆身完好无裂纹； 2）埋深符合要求； 3）基础牢固； 4）周围无影响作业的障碍物。 （4）线路装置是否具备带电作业条件。本项作业应检查确认的内容有： 1）是否具备带电作业条件； 2）作业范围内地面土壤坚实、平整，符合低压带电作业车安置条件。 （5）工作负责人指挥工作人员检查工作票所列安全措施，在工作票上补充安全措施	
	2	了解现场气象条件	了解现场气象条件，判断是否符合《国家电网有限公司电力安全工作规程　第八部分：配电部分》对带电作业要求。 1）天气应晴好，无雷、雨、雪、雾； 2）风力不大于 5 级； 3）相对湿度不大于 80%	
	3	组织现场作业人员学习作业指导书	掌握整个操作程序，理解工作任务及操作中的危险点及控制措施	
	4	填写工作票并签发	按要求填写配电带电作业工作票，安全措施应符合现场实际，工作票应提前一天签发	

2. 现场作业人员的基本要求

表 5-14   现场作业人员的基本要求示意

√	序号	内容	备注
	1	作业人员应身体状况良好，情绪稳定，精神集中	
	2	作业人员应具备必要的电气知识，熟悉配电线路带电作业规范	
	3	作业人员经培训合格，取得相应作业资质，并熟练掌握配电线路带电作业方法及技术	

续表

√	序号	内容	备注
	4	作业人员必须掌握《国家电网有限公司电力安全工作规程　第八部分：配电部分》相关知识，并经考试合格	
	5	作业人员应掌握紧急救护法，特别要掌握触电急救方法	
	6	作业人员应两穿一戴，个人工具和劳保防护用品应合格齐备	

3. 作业人员分工

表 5-15　　　　　　作业人员分工示意

√	序号	人员分工	工作内容	人数
	1	工作负责人（监护人）	负责现场作业并履行监护职责	1 人
	2	斗内电工	负责不停电接低压接户线（集束电缆、普通低压电缆、铝塑线）引线（空载）	1 人
	3	地面电工	负责现场布置、传递工器具等	1 人

4. 危险点分析

表 5-16　　　　　　危险点分析示意

√	序号	内容
	1	带电作业工作负责人监护不到位，使作业人员失去监护
	2	未检查低压接户线（集束电缆、普通低压电缆、铝塑线）载流情况，造成带负荷接引线
	3	带电接引线时顺序错误
	4	接引时相序错误
	5	绝缘工具使用前未进行外观检查，因损伤或有缺陷未及时发现造成人身、设备事故
	6	带电作业人员穿戴防护用具不规范，造成触电伤害
	7	作业人员未按规定进行绝缘遮蔽或遮蔽不严密，造成触电伤害
	8	高空落物，造成人员伤害。斗内电工不系安全带，造成高空坠落
	9	操作不当，产生电弧，对人体造成弧光烧伤

5. 安全注意事项

表 5-17　　　　　　安全注意事项内容示意

√	序号	内容
	1	工作负责人应履行监护职责，要选择便于监护的位置，监护的范围不得超过一个作业点

续表

√	序号	内容
	2	作业前应确认低压接户线（集束电缆、普通低压电缆、铝塑线）为空载状态
	3	带电接接户线（集束电缆、普通低压电缆、铝塑线）引线应严格按照"先零线、后相线"的顺序进行
	4	未搭接引线的金属裸露部分应有绝缘保护
	5	应和运维部门在接户线（集束电缆、普通低压电缆、铝塑线）负荷侧核实确认接户线（集束电缆、普通低压电缆、铝塑线）相序的正确性
	6	带电作业过程中如设备突然停电，作业人员应视设备仍然带电。作业过程中绝缘工具金属部应与接地体保持足够的安全距离
	7	带电作业过程中，作业人员应始终穿戴齐全防护用具。保持人体与邻相带电体及接地体的安全距离
	8	应对作业范围内的带电体及接地体等所有设备进行遮蔽
	9	上下传递物品必须使用绝缘传递绳，严禁高空抛物。尺寸较长的部件，应用绝缘传递绳捆扎牢固后传递。工作过程中，工作点下方禁止站人。高处作业人员应系好安全带
	10	须正确穿戴防电弧能力不小于 6.8cal/cm^2 的防电弧工作服，戴相应防护等级的防电弧面屏

四、工器具及材料

领用带电作业工器具应核对电压等级和试验周期，并检查外观及试验标签完好无损。

工器具在运输过程中，应存放在专用工具袋、工具箱或工具车内，以防受潮和损伤。

1. 专项作业个人防护用具、承载用具

0.4kV 带电接低压接户线引线作业项目涉及如下个人防护用具。

表 5-18　　　　作业项目涉及个人防护用具

√	序号	名称	单位	数量	图示	备注
	1	低压带电作业手套	副	1		1kV

√	序号	名称	单位	数量	图示	备注
	2	绝缘鞋	双	3		5kV
	3	防电弧服	套	1		8cal/cm²，室外作业防电弧能力不小于6.8cal/cm²
	4	双控背带式安全带	副	1		斗内电工用
	5	安全帽	顶	3		数量与人员对应
	6	安全帽（带防弧面罩）	顶	1	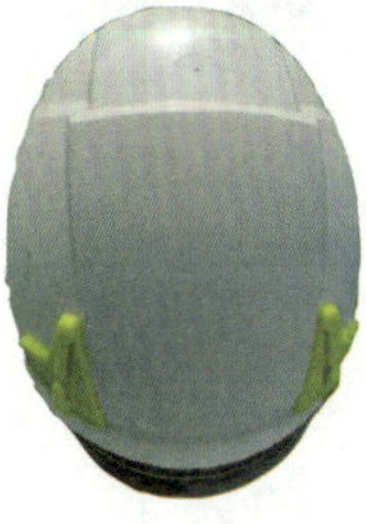	0.4kV 带电作业用，防电弧能力不小于6.8cal/cm²

2. 0.4k 专项作业特种车辆及绝缘工具

0.4kV 带电接低压接户线引线作业项目涉及如下绝缘工具。

表 5-19 作业项目涉及特种车辆及绝缘工具

√	序号	名称	单位	数量	图示	备注
	1	低压带电作业车	辆	1		0.4kV
	2	导线遮蔽罩	个	4	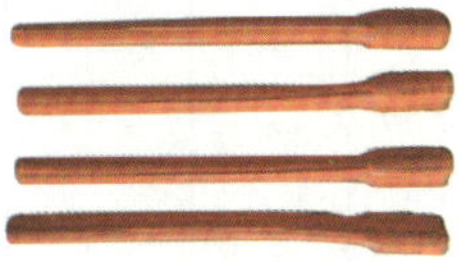	1kV
	3	绝缘末端套管	个	4		1kV
	4	绝缘毯	张	若干		1kV
	5	绝缘毯夹	个	若干		根据相关安全技术标准及现场实际情况选定标准型号

续表

√	序号	名称	单位	数量	图示	备注
	6	个人手工绝缘工具	套	1	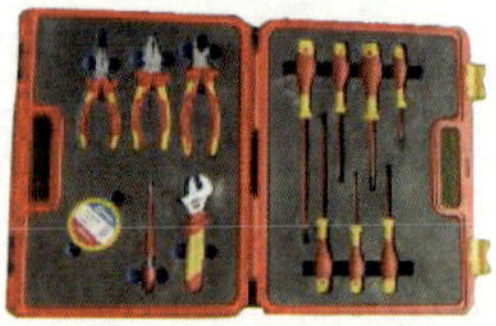	1kV
	7	绝缘传递绳	条	1		根据相关安全技术标准及现场实际情况选定标准型号

3. 辅助工具

表 5-20　　　　　　　作业项目涉及辅助工具

√	序号	名称	单位	数量	图示	备注
	1	防潮苫布	块	1		根据相关安全技术标准及现场实际情况选定标准型号
	2	低压带电作业手套充气装置	个	1		根据相关安全技术标准及现场实际情况选定标准型号

4. 其他工具及仪器仪表设备

表 5-21　　　　作业项目涉及其他工具及仪器仪表设备示意

√	序号	名称	单位	数量	图示	备注
	1	温湿度仪	块	1	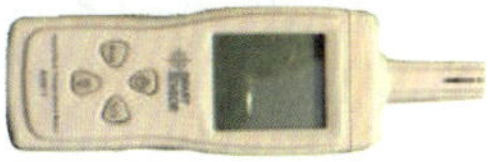	根据相关安全技术标准及现场实际情况选定标准型号
	2	风速仪	块	1		根据相关安全技术标准及现场实际情况选定标准型号
	3	低压验电器	支	1		0.4kV
	4	万用表	只	1		根据相关安全技术标准及现场实际情况选定标准型号
	5	钢丝刷	只	1		根据相关安全技术标准及现场实际情况选定标准型号

续表

√	序号	名称	单位	数量	图示	备注
	6	安全警示带（牌）	套	若干		根据相关安全技术标准及现场实际情况选定标准型号

5. 所需材料

表 5-22　　　　　　　　作业项目所需材料示意

√	序号	名称	单位	数量	图示	备注
	1	并沟线夹	个	8		根据相关安全技术标准及现场实际情况选定标准型号
	2	色带	个	4		红、绿、黄、蓝

五、作业程序

1. 现场复勘

表 5-23　　　　　　　　现场复勘工作内容示意

√	序号	内容
	1	工作负责人指挥工作人员核对工作线路双重名称、杆号
	2	工作负责人指挥工作人员检查地形环境是否符合作业要求： 1）杆身完好无裂纹； 2）埋深符合要求； 3）基础牢固； 4）周围无影响作业的障碍物

续表

√	序号	内容
	3	工作负责人指挥工作人员检查线路装置是否具备带电作业条件。本项作业应检查确认的内容有： 1）是否具备带电作业条件； 2）作业范围内地面土壤坚实、平整，符合低压带电作业车安置条件
	4	线路装置是否具备带电作业条件
	5	工作负责人指挥工作人员检查气象条件： 1）天气应晴好，无雷、雨、雪、雾； 2）风力不大于5级； 3）相对湿度不大于80%
	6	工作负责人指挥工作人员检查工作票所列安全措施，在工作票上补充安全措施

2. 操作步骤

2.1 开工

2.1.1 执行工作许可制度

（1）工作负责人按工作票内容与设备运维管理单位联系，获得设备运维管理单位工作许可。

（2）工作负责人在工作票上签字，并记录许可时间。

2.1.2 召开班前会

（1）工作负责人宣读工作票。

（2）工作负责人检查工作班组成员精神状态，交代工作任务进行分工，交代工作中的安全措施和技术措施。

（3）工作负责人检查班组各成员对工作任务分工、安全措施和技术措施是否明确。

（4）班组各成员在工作票上签名确认，如图5-27所示。

图5-27 工作负责人召开班前会示意

2.1.3 停放低压带电作业车

（1）将低压带电作业车位置停放到最佳位置：

1) 停放的位置应便于低压带电作业车绝缘斗到达作业位置，避开邻近电力线和障碍物；

2) 停放位置坡度不大于 7°，低压带电作业车宜顺线路停放，如图 5-28 所示。

图 5-28　作业车停发最佳位置示意

（2）作业人员支放低压带电作业车支腿，作业人员对支腿情况进行检查，向工作负责人汇报检查结果。检查标准为：

1) 应支放在平坦稳定的地面上，不应支放在沟道盖板上。

2) 软土地面应使用垫块或枕木，垫板重叠不超过 2 块。

3) 支撑应到位。车辆前后、左右呈水平；支腿应全部伸出，整车支腿受力，如图 5-29 所示。

图 5-29　工作人员按要求支放支腿示意

2.1.4　布置工作现场

（1）工作负责人组织班组成员设置工作现场的安全围栏、安全警示标志：

1) 安全围栏的范围应考虑作业中高空坠落和高空落物的影响以及道路交通，

必要时联系交通部门；

2）围栏的出入口应设置合理；

3）警示标示应包括"从此进出""在此工作"等，道路两侧应有"车辆慢行"或"车辆绕行"标示或路障，如图5-30所示。

图5-30　布置工作现场示意

（2）班组成员按要求将绝缘工器具放在防潮苫布上：

1）防潮苫布应清洁、干燥；

2）工器具应分类摆放；

3）绝缘工器具不能与金属工具、材料混放，如图5-31所示。

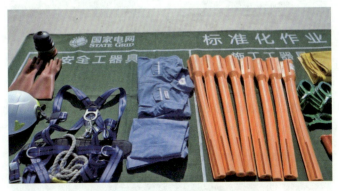

图5-31　绝缘工器具布放示意

2.2　检查

2.2.1　检查绝缘工器具

班组成员使用清洁干燥毛巾逐件对绝缘工器具进行擦拭并进行外观检查：

1）检查人员应戴清洁、干燥的手套，如图5-32所示。

2）绝缘工具表面不应磨损、变形损坏，操作应灵活；

3）个人安全防护用具和遮蔽、隔离用具应无针孔、砂眼、裂纹，如图5-33所示。

图 5-32 检查人员用清洁干燥的手套擦拭绝缘工器具示意

图 5-33 工作人员检查个人安全防护用具示意

4）绝缘工器具检查完毕，向工作负责人汇报检查结果。

2.2.2 检查低压带电作业车

（1）斗内电工检查低压带电作业车表面状况：绝缘斗应清洁、无裂纹损伤，如图 5-34 所示。

图 5-34 斗内电工检查低压带电作业车表面状况示意

（2）试操作低压带电作业车：

1）试操作应空斗进行，如图 5-35 所示。

图 5-35　空斗试车示意

2）试操作应充分，有回转、升降、伸缩的过程。确认液压、机械、电气系统正常可靠、制动装置可靠，如图 5-36 所示。

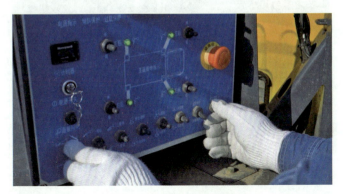

图 5-36　充分试车示意

3）低压带电作业车检查和试操作完毕，斗内电工向工作负责人汇报检查结果。

2.3　作业施工

2.3.1　斗内电工进入绝缘斗

（1）斗内电工穿戴好个人防护用具：

1）绝缘防护用具包括安全帽（带防弧面罩）、低压带电作业手套、绝缘鞋、防电弧服等，如图 5-37 所示。

2）工作负责人应检查斗内电工绝缘防护用具的穿戴是否正确。

（2）斗内电工进入绝缘斗：

1）工器具应分类放置工具袋中；

图 5-37 斗内电工穿戴个人防护用具示意

2）工器具的金属部分不准超出绝缘斗边缘面；

3）斗内电工将安全带系挂在斗内专用挂钩上，如图 5-38 所示。

图 5-38 斗内电工进入绝缘斗示意

2.3.2 进入带电作业区域

斗内电工经工作负责人许可后，进入带电作业区域，如图 5-39 所示。

图 5-39 斗内电工进入带电作业区域示意

2.3.3 验电验流

（1）斗内电工到达作业位置，作业过程中不得失去安全带保护。

（2）验电时斗内电工应与邻近带电设备保持足够的安全距离，如图5-40所示。

图5-40 验电验流需要注意的安全事项示意

（3）验电应按照"先带电体、后接地体"的顺序进行，确认无漏电情况。

（4）确认架空导线相序和接户线的相序标识，明确相线与零线。

（5）确认待接接户线负荷侧开关、刀闸处于断开状态。

2.3.4 绝缘遮蔽

（1）对带电体设置绝缘遮蔽时，按照从近到远的原则。

（2）使用绝缘毯时应用绝缘夹夹紧，防止脱落，如图5-41所示。

图5-41 绝缘遮蔽作业示意

2.3.5 搭接接户线引线

（1）将引线金属裸露部分采用绝缘末端套管进行绝缘保护后，整理引线，如图5-42所示。

图5−42 搭接接户线引线作业示意

（2）剥除主线与引线绝缘外皮，先搭接接户线（集束电缆、普通低压电缆、铝塑线）零线的引线，再由远至近依次搭接相线（火线）引线，如图5−43所示。

图5−43 剥除主线与引线绝缘外皮作业示意

（3）接户线（集束电缆、普通低压电缆、铝塑线）引线每相接引点依次相距0.2m，如图5−44所示。

图5−44 接户线引线细节操作示意

需注意，每完成一相需要做好相应的绝缘措施，如图 5-45 所示。

图 5-45 绝缘措施示意

2.3.6 拆除绝缘遮蔽

操作完成后，按照"由远至近"的顺序依次拆除绝缘遮蔽，如图 5-46 所示。

图 5-46 工作人员按照"由远至近"的顺序依次拆除绝缘遮蔽示意

2.3.7 撤离作业面

（1）斗内电工清理工作现场，杆上、线上无遗留物，向工作负责人汇报，如图 5-47 所示。

图 5-47 斗内电工申请撤离作业面示意

（2）工作负责人应进行全面检查安装质量，符合运行条件，确认工作完成无误后，向工作许可人汇报，如图5-48所示。

图5-48　工作负责人允许撤离，作业人员撤离作业面示意

（3）低压带电作业车收回。

2.4　施工质量检查

现场工作负责人全面检查作业质量，无遗漏的工具、材料等。

2.5　完工

现场工作负责人全面检查工作完成情况。

六、工作结束

表5-24　　　　　操作结束后需要完成的收尾工作细节示意

√	序号	作业内容
	1	清理工具及现场： 1）收回工器具、材料，摆放在防雨苫布上； 2）工作负责人全面检查工作完成情况，清点整理工具、材料，将工器具清洁后放入专用的箱（袋）中，组织班组成员认真检查现场无遗留物，无误后撤离现场，做到"工完料尽场地清"
	2	办理工作终结手续：工作负责人向设备运维管理单位（工作许可人）汇报工作结束，终结工作票
	3	召开收工会：工作负责人组织召开现场收工会，做工作总结和点评工作： 1）正确点评本项工作的施工质量； 2）点评班组成员在作业中的安全措施的落实情况； 3）点评班组成员对规程的执行情况
	4	作业人员撤离现场

第三节　0.4kV 带负荷处理线夹发热

一、适用范围

本作业方法适用于 0.4kV 带负荷处理线夹发热作业。图 5-49 为本项作业的标准化作业现场。

图 5-49　0.4kV 带负荷处理线夹发热标准化作业现场示意

二、规范性引用文件

1. GB 17622　带电作业用绝缘手套通用技术条件
2. GB/T 18037　带电作业工具基本技术要求与设计导则
3. GB/T 14286　带电作业工具设备术语
4. GB/T 2900.55　电工术语、带电作业
5. GB/T 18857　配电线路带电作业技术导则
6. DL/T 320　个人电弧防护用品通用技术要求
7. DL/T 878　带电作业用绝缘工具试验导则
8. Q/GDW 10799.8　国家电网有限公司电力安全工作规程　第八部分：配电部分
9. Q/GDW 12218　低压交流配网不停电技术导则
10. Q/GDW 1519　配网运维规程
11. Q/GDW 10520 10kV 配网不停电作业规范
12. Q/GDW 745　配网设备缺陷分类标准
13. Q/GDW 11261　配网检修规程

三、作业前准备

1. 现场勘察

表 5-25　　　　　　　　　　　现场勘察工作细节示意

✓	序号	内容	标准	备注
	1	现场勘察	（1）工作负责人应提前组织有关人员进行现场勘察，根据勘察结果做出能否进行带电作业的判断，并确定作业方法及应采取的安全技术措施； （2）现场勘察包括下列内容：线路运行方式、杆况状况、设备交叉跨越状况、现场道路是否满足作业要求，能否停放 0.4kV 低压带电作业车等承载工具，以及其他的作业危险点等。 （3）工作线路双重名称、杆号。 1）杆身完好无裂纹； 2）埋深符合要求； 3）基础牢固； 4）周围无影响作业的障碍物。 （4）线路装置是否具备带电作业条件。本项作业应检查确认的内容有： 1）缺陷严重程度，若现场无法判断引线及线夹损伤情况，则不适用此作业方法； 2）是否具备带电作业条件； 3）作业范围内地面土壤坚实、平整，符合低压带电作业车安置条件。 （5）确认负荷电流小于旁路引流线（300A）额定电流，超过时应提前转移或减少负荷。 （6）工作负责人指挥工作人员检查工作票所列安全措施，在工作票上补充安全措施	
	2	了解现场气象条件	了解现场气象条件，判断是否符合《国家电网有限公司电力安全工作规程　第八部分：配电部分》对带电作业要求： 1）天气应晴好，无雷、雨、雪、雾； 2）风力不大于 5 级； 3）相对湿度不大于 80%	
	3	组织现场作业人员学习作业指导书	掌握整个操作程序，理解工作任务及操作中的危险点及控制措施	
	4	填写工作票并签发	按要求填写配电带电作业工作票，安全措施应符合现场实际，工作票应提前一天签发	

2. 现场作业人员的基本要求

表 5-26　　　　　　　　　　现场作业人员的基本要求示意

✓	序号	内容	备注
	1	作业人员应身体状况良好，情绪稳定，精神集中	
	2	作业人员应具备必要的电气知识，熟悉配电线路带电作业规范	

√	序号	内容	备注
	3	作业人员经培训合格，取得相应作业资质，并熟练掌握配电线路带电作业方法及技术	
	4	作业人员必须掌握《国家电网有限公司电力安全工作规程　第八部分：配电部分》相关知识，并经考试合格	
	5	作业人员应掌握紧急救护法，特别要掌握触电急救方法	
	6	作业人员应两穿一戴，个人工具和劳保防护用品应合格齐备	

3. 作业人员分工

表 5-27　　　　　　　　　作 业 人 员 分 工 示 意

√	序号	人员分工	工作内容	人数
	1	工作负责人	负责交代工作任务、安全措施和技术措施，履行监护职责	1 人
	2	斗内电工	负责作业（处理线夹发热）	1 人
	3	地面电工	负责地面配合作业	1 人

4. 危险点分析

表 5-28　　　　　　　　　危 险 点 分 析 示 意

√	序号	内容
	1	带电作业工作负责人监护不到位，使作业人员失去监护
	2	旁路引线设备投运前未进行外观检查，因设备损毁或有缺陷未及时发现造成人身、设备事故
	3	未设置防护措施及安全围栏、警示牌，发生行人车辆进入作业现场，造成危害发生
	4	低压带电作业车位置停放不佳，坡度过大，造成车辆倾覆人员伤亡事故
	5	作业人员未对低压带电作业车支腿情况进行检查，误支放在沟道盖板上、未使用垫块或枕木、支撑不到位，造成车辆倾覆人员伤亡事故
	6	低压带电作业车操作人员未将低压带电作业车可靠接地
	7	遮蔽作业时动作幅度过大，接触带电体形成回路，造成人身伤害
	8	遮蔽不完整，留有漏洞、带电体暴露，作业时接触带电体形成回路，造成人身伤害
	9	敷设旁路引线方法错误，旁路引线与硬物、尖锐物摩擦，导致旁路引线损坏
	10	旁路作业前未检测确认待检修线路负荷电流，负荷电流过大造成旁路引流线过载
	11	拆除旧线夹引线、新线夹引线接火时，人体串入电路，造成人身伤害
	12	新线夹引线安装完毕后未检测通流情况，若存在连接缺陷，拆除旁路引流线时造成人身伤害
	13	未能正确使用个人防护用品，造成高处坠落人员伤害
	14	地面人员在作业区下方逗留，造成高处落物伤害

5. 安全注意事项

表 5-29 安全注意事项内容示意

√	序号	内容
	1	工作负责人应履行监护职责，要选择便于监护的位置，监护的范围不得超过一个作业点
	2	旁路引线设备投运前应进行外观检查，避免因设备损毁或有缺陷未及时发现造成人身、设备事故
	3	作业现场及工具摆放位置周围应设置安全围栏、警示标志，防止行人及其他车辆进入作业现场，必要时应派专人守护
	4	低压带电作业车应停放到最佳位置： 1）停放的位置应便于低压带电作业车绝缘斗到达作业位置，避开邻近的电力线和障碍物； 2）停放位置坡度不大于 7°； 3）低压带电作业车宜顺线路停放
	5	作业人员应对低压带电作业车支腿情况进行检查，向工作负责人汇报检查结果。检查标准为： 1）应支放在平坦稳定的地面上，不应支放在沟道盖板上； 2）软土地面应使用垫块或枕木，垫板重叠不超过 2 块； 3）支撑应到位。车辆前后、左右呈水平，整车支腿受力
	6	低压带电作业车操作人员将低压带电作业车可靠接地
	7	低压电气带电作业应戴 0.4kV 带电作业手套、防护面罩、穿防电弧服，并保持对地绝缘；遮蔽作业时动作幅度不得过大，防止造成相间、相对地放电；若存在相间短路风险应加装绝缘遮蔽（隔离）措施
	8	遮蔽应完整，遮蔽应有重叠，避免留有漏洞、带电体暴露，作业时接触带电体形成回路，造成人身伤害
	9	敷设旁路引线时，须由多名作业人员配合使旁路引线离开地面整体敷设，防止旁路引线与地面硬物、尖锐物摩擦
	10	作业前需检测确认待检修线路负荷电流小于旁路引线额定电流值
	11	拆除旧线夹引线、新线夹引线接火时应使用绝缘工具有效控制线头，避免人体串入电路造成人身伤害
	12	新线夹引线安装完毕后应检测通流情况正常
	13	正确使用个人防护用品、登高工具，对安全带进行冲击试验，避免意外断裂造成高处坠落人员伤害
	14	地面人员不得在作业区下方逗留，避免造成高处落物伤害

四、工器具及材料

1. 专项作业个人防护用具、承载用具

0.4kV 带负荷处理线夹发热作业项目涉及如下个人防护用具。

表5-30　　　　　　　　　　作业项目涉及个人防护用具

√	序号	名称	单位	数量	图示	备注
	1	低压带电作业手套	副	1	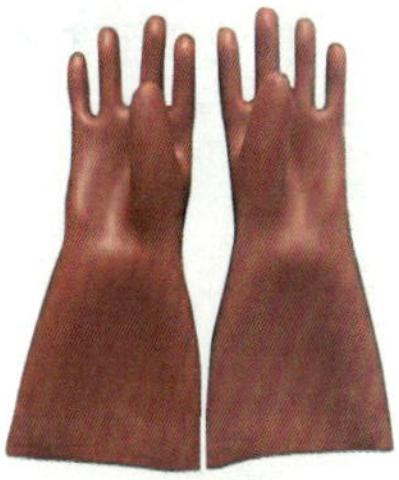	1kV，具备绝缘、防弧、防刺穿功能
	2	双控背带式安全带	副	1		斗臂车用背部挂点，带缓冲绳
	3	安全帽（带防弧面罩）	顶	2		0.4kV 带电作业用，防电弧能力不小于 6.8cal/cm²
	4	安全帽	顶	3		根据相关安全技术标准及现场实际情况选定标准型号
	5	防电弧服	套	1		防电弧能力不小于 6.8cal/cm²

2. 0.4kV 专项作业特种车辆及绝缘工具

0.4kV 带负荷处理线夹发热作业项目涉及如下绝缘工具。

表 5-31 作业项目涉及特种车辆及绝缘工具

√	序号	名称	单位	数量	图示	备注
	1	低压带电作业车	辆	1		0.4kV
	2	绝缘毯	块	若干		1kV
	3	绝缘毯夹	只	若干		根据相关安全技术标准及现场实际情况选定标准型号
	4	绝缘绳	根	1		1m
	5	绝缘旁路引流线	根	1		1kV，300A，2m
	6	绝缘旁路引线固定杆	根	1		0.4m
	7	个人手工绝缘工具	套	1	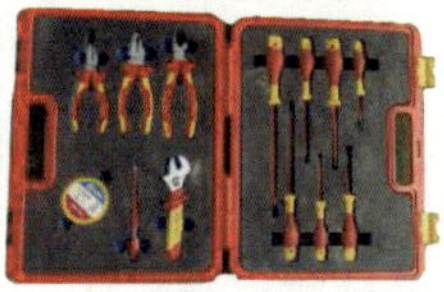	1kV

3. 辅助工具

表 5-32 作业项目涉及辅助工具

√	序号	名称	单位	数量	图示	备注
	1	防潮苫布	块	1		根据相关安全技术标准及现场实际情况选定标准型号
	2	钢丝刷	个	1		根据相关安全技术标准及现场实际情况选定标准型号
	3	剥皮器	把	1		根据相关安全技术标准及现场实际情况选定标准型号

4. 其他工具及仪器仪表设备

表 5-33 作业项目涉及其他工具及仪器仪表设备示意

√	序号	名称	单位	数量	图示	备注
	1	围栏（网）、安全警示牌等	套	若干		根据相关安全技术标准及现场实际情况选定标准型号
	2	低压声光验电器	支	1		0.4kV

√	序号	名称	单位	数量	图示	备注
	3	温湿度仪	台	1	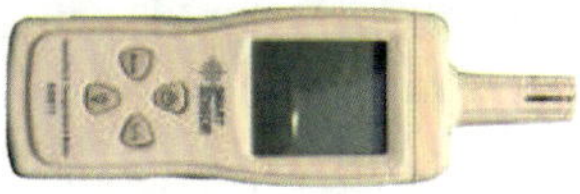	根据相关安全技术标准及现场实际情况选定标准型号
	4	风速仪	台	1		根据相关安全技术标准及现场实际情况选定标准型号
	5	钳形电流表	只	1		根据相关安全技术标准及现场实际情况选定标准型号
	6	红外测温仪	只	1		根据相关安全技术标准及现场实际情况选定标准型号

5. 所需材料

表 5-34　　　　　　　　　　作业项目所需材料示意

√	序号	名称	单位	数量	图示	备注
	1	并沟线夹	个	若干		根据相关安全技术标准及现场实际情况选定标准型号
	2	清洁干燥毛巾	条	2		根据相关安全技术标准及现场实际情况选定标准型号

五、作业程序

1. 现场复勘

表 5-35　　　　　　　　　　现场复勘工作内容示意

√	序号	内容
	1	工作负责人核对工作线路双重名称、杆号
	2	工作负责人检查地形环境是否符合作业要求： 1）杆身完好无裂纹； 2）埋深符合要求； 3）基础牢固； 4）周围无影响作业的障碍物
	3	工作负责人检查线路装置是否具备带电作业条件。本项作业应检查确认的内容有： 1）缺陷严重程度； 2）是否具备带电作业条件； 3）作业范围内地面土壤坚实、平整，符合低压带电作业车安置条件
	4	线路装置是否具备带电作业条件
	5	工作负责人检查气象条件： 1）天气应晴好，无雷、雨、雪、雾； 2）风力不大于 5 级； 3）相对湿度不大于 80%
	6	工作负责人检查工作票所列安全措施，在工作票上补充安全措施

2. 操作步骤

2.1 开工

2.1.1 执行工作许可制度

（1）工作负责人按工作票内容与设备运维管理单位联系，获得设备运维管理单位工作许可。

（2）工作负责人在工作票上签字，并记录许可时间。

2.1.2 召开班前会

（1）工作负责人宣读工作票。

（2）工作负责人检查工作班组成员精神状态，交代工作任务进行分工，交代工作中的安全措施和技术措施。

（3）工作负责人检查班组各成员对工作任务分工、安全措施和技术措施是否明确。

（4）班组各成员在工作票上签名确认，如图 5-50 所示。

图 5-50　工作负责人召开班前会示意

2.1.3 停放低压带电作业车

（1）将低压带电作业车位置停放到最佳位置：

1）停放的位置应便于低压带电作业车绝缘斗到达作业位置，避开邻近电力线和障碍物；

2）停放位置坡度不大于 7°，低压带电作业车宜顺线路停放，如图 5-51 所示。

图 5-51　按要求停放作业车辆示意

（2）作业人员支放低压带电作业车支腿，作业人员对支腿情况进行检查，向工作负责人汇报检查结果。检查标准为：

1）应支放在平坦稳定的地面上，不应支放在沟道盖板上。

2）软土地面应使用垫块或枕木，垫板重叠不超过2块。

（3）支撑应到位。车辆前后、左右呈水平；支腿应全部伸出，整车支腿受力，如图5-52所示。

图5-52　作业车按要求支放支腿示意

2.1.4　布置工作现场

（1）工作负责人组织班组成员设置工作现场的安全围栏、安全警示标志：

1）安全围栏的范围应考虑作业中高空坠落和高空落物的影响以及道路交通，必要时联系交通部门，如图5-53所示。

图5-53　正确布放安全围栏示意

2）围栏的出入口应设置合理；

3）警示标示应包括"从此进出""在此工作"等，道路两侧应有"车辆慢行"或"车辆绕行"标示或路障，如图5-54所示。

（2）班组成员按要求将绝缘工器具放在防潮苫布上：

1）防潮苫布应清洁、干燥；

图 5-54　警示标志布放示意

2）工器具应分类摆放。

（3）绝缘工器具不能与金属工具、材料混放，如图 5-55 所示。

图 5-55　按要求分类示意

2.2　检查

2.2.1　检查绝缘工器具

班组成员使用清洁干燥毛巾逐件对绝缘工器具进行擦拭并进行外观检查，如图 5-56 所示。

图 5-56　班组成员使用清洁干燥毛巾擦拭绝缘工器具示意

检查时需注意：

1）检查人员应戴清洁、干燥的手套；

2）绝缘工具表面不应磨损、变形损坏，操作应灵活，如图5-57所示。

图5-57　绝缘工具检查示意

3）个人安全防护用具和遮蔽、隔离用具应无针孔、砂眼、裂纹，如图 5-58 所示。

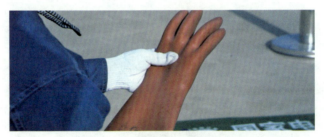

图5-58　对绝缘手套进行检查示意

4）绝缘工器具检查完毕，向工作负责人汇报检查结果。

2.2.2　检查低压带电作业车

（1）斗内电工检查低压带电作业车表面状况：绝缘斗应清洁、无裂纹损伤，如图5-59所示。

图5-59　斗内电工检查低压带电作业车表面状况及擦拭挂斗示意

（2）试操作低压带电作业车：

1）试操作应空斗进行；

2）试操作应充分，有回转、升降、伸缩的过程。确认液压、机械、电气系统正常可靠、制动装置可靠，如图 5－60 所示。

图 5－60　空斗试车示意

3）低压带电作业车检查和试操作完毕，斗内电工向工作负责人汇报检查结果。

2.2.3　检查旁路绝缘引流线

检查旁路绝缘引流线：清洁旁路绝缘引流线线夹接触面的氧化物，检查绝缘表面无明显磨损或破损现象，线夹操作灵活，如图 5－61 所示。

图 5－61　未检查之前旁路绝缘引流线实际情况示意

2.2.4　作业前测温

使用红外测温仪测量引线线夹温度，如图 5－62 所示。

图 5－62　使用红外测温仪测量引线线夹温度示意

2.3　作业施工

2.3.1　斗内电工进入绝缘斗

（1）斗内电工穿戴好个人防护用具：

1）绝缘防护用具包括安全帽（带防弧面罩）、低压带电作业手套、绝缘鞋、防电弧服等，如图 5－63 所示。

图 5－63　斗内电工正确穿戴防护用具示意

2）工作负责人应检查斗内电工防护用具的穿戴是否正确，如图 5－64 所示。

图 5－64　工作负责人检查斗内电工防护用具穿戴情况示意

（2）斗内电工进入绝缘斗，地面电工配合传递工器具：

1）工器具应分类放置工具袋中；

2）工器具的金属部分不准超出绝缘斗边缘面；

3）工具和人员重量不得超过绝缘斗额定载荷。

（3）斗内电工将安全带系挂在斗内专用挂钩上，如图 5-65 所示。

图 5-65　斗内电工将安全带系挂在斗内专用挂钩上示意

2.3.2　进入带电作业区域

斗内电工经工作负责人许可后，进入带电作业区域：

（1）斗内电工在作业过程中不得失去安全带保护；

（2）斗内电工人身不得过度探出车斗，失去平衡，如图 5-66 所示。

图 5-66　进入带电作业区域示意

2.3.3　验电测流

（1）斗内电工使用验电器确认作业现场无漏电现象：

1）在带电导线上检验验电器是否完好；

2）验电时作业人员应与带电导体保持安全距离，验电顺序应由近及远，验电时应戴低压带电作业手套，如图 5-67 所示。

图 5-67　验电操作示意

3）检验作业现场接地构件、绝缘子有无漏电现象，确认无漏电现象，验电结果汇报工作负责人。

（2）斗内电工使用钳形电流表确认发热线夹线路负荷电流满足作业要求：

1）测流前，确认主线路引线负荷电流小于 300A，判断负荷电流小于旁路引流线额定电流并汇报工作负责人；

2）测流时，斗内电工身体各部位应与其他带电设备保持足够的安全距离；先将钳形电流表调至合适挡位，如图 5-68 所示。

图 5-68　测流工作示意

2.3.4　设置绝缘遮蔽隔离措施

获得工作负责人的许可后，斗内电工转移绝缘斗到近边相导线合适工作位置，按照"从近到远"的顺序对作业中可能触及的带电体进行逐相绝缘遮蔽隔离：

1）使用绝缘毯时应用绝缘夹夹紧，防止脱落；

2）对作业点附近可触及范围内的低压耐张线夹等部件也需进行遮蔽；

3）设置绝缘遮蔽隔离措施时，动作应轻缓，对未遮蔽的横担、绝缘子、带电体之间应有安全距离；

4）绝缘遮蔽隔离措施应严密、牢固，绝缘遮蔽组合应重叠，如图 5-69 所示。

图 5-69　按要求设置绝缘遮蔽工作示意

2.3.5　装旁路绝缘引流线

获得工作负责人的许可后，斗内电工装设旁路绝缘引流线：

1）斗内电工检查确认遮蔽无误；

2）获得工作负责人的许可后斗内电工敷设旁路绝缘引流线：先将旁路绝缘引流线两端固定在绝缘固定杆上，然后将旁路绝缘引流线盘好固定在绝缘固定杆上，旁路绝缘引流线应尽可能靠近检修相导线，如图 5-70 所示。

图 5-70　将引流线两端固定在绝缘固定杆上操作示意

3）获得工作负责人的许可后，斗内电工打开导线绝缘遮蔽，在适当处安装旁路引流线绝缘固定杆（检修相），并在距离耐张线夹出口 300mm 以外主导线处剥除主线绝缘并清除氧化层，在电缆引线做好旁路接口并清除氧化层，完成后，恢复遮蔽，如图 5-71 所示。

图 5-71　工作人员清除氧化层操作示意

4）获得工作负责人的许可后，斗内电工依次打开导线上及电缆搭接旁路绝缘引流线部位的绝缘遮蔽措施，安装旁路绝缘引流线，搭接主导线侧前需对绝缘固定杆上固定的绝缘引流线另一端进行绝缘遮蔽。

5）恢复旁路绝缘引流线线夹处的绝缘遮蔽固定措施。旁路绝缘引流线应采取固定措施，防止摆动，与邻相导体、接地体之间应保持安全距离，如图 5-72 所示。

图 5-72　恢复旁路绝缘引流线夹处的绝缘遮蔽固定措施示意

6）作业中，严防人体串入电路。

2.3.6　检测负荷电流通流情况

使用钳形电流表检测主线路、旁路绝缘引流线的电流，判断通流情况并汇报工作负责人。检测两处：主导线、旁路绝缘引流线，如图 5-73 所示。

2.3.7　处理发热线夹

（1）拆除检修相引线线夹、消缺：

1）斗内电工在拆除引线线夹前检查确认绝缘遮蔽隔离措施应严密牢固；

图 5-73　检测负荷电流通流情况示意

2）斗内电工用双头锁杆将两根引线锁紧固定，拆除一只引线并沟线夹，如图 5-74 所示。

图 5-74　用双头锁杆将两根引线锁紧固定，拆除一只引线并沟线夹工作示意

3）观察引线损伤情况符合更换线夹条件后，斗内电工拆除另一只引线并沟线夹，对引线导体部分进行消缺处理清除氧化层后，依次安装两只新并沟线夹，如图 5-75 所示。

图 5-75　用钢丝刷清除氧化层后安全新的并沟线夹工作示意

4）斗内电工作业更换线夹时应穿防电弧服、戴防电弧面屏、戴低压带电作业用手套；

5）作业中，严防人体串入电路。

（2）更换完成后检测负荷电流通流情况，确保检修相通流正常，如图5-76所示。

图5-76　检测负荷电流通流正常示意

2.3.8　拆除旁路绝缘引流线、绝缘遮蔽隔离措施

在获得工作负责人的许可后：

1）斗内电工检查确认新引线并沟线夹安装无误后，拆除旁路绝缘引流线及其两端头绝缘遮蔽；

2）斗内电工拆除绝缘固定杆，恢复主导线的绝缘；

3）斗内电工拆除耐张线夹、导线的绝缘遮蔽，在拆除遮蔽时动作应轻缓，对横担等地电位构件、邻相导线之间应有安全距离；

4）绝缘遮蔽用具的拆除，按照"从远到近"的原则拆除绝缘遮蔽，如图5-77所示。

图5-77　工作人员拆除旁路绝缘引流线及绝缘遮蔽示意

2.3.9 撤离作业面

（1）斗内电工清理工作现场，杆上、线上无遗留物，向工作负责人汇报。

（2）工作负责人应进行全面检查安装质量，符合运行条件，确认工作完成无误后，向工作许可人汇报，如图 5-78 所示。

图 5-78 检查无误工作负责人许可撤离作业面示意

2.4 施工质量检查

（1）斗内电工清理工作现场，杆上、线上无遗留物，向工作负责人汇报。

（2）工作负责人应进行全面检查安装质量，符合运行条件，确认工作完成无误后，向工作许可人汇报。

（3）低压带电作业车收回，如图 5-79 所示。

图 5-79 低压带电作业车收回示意

六、工作结束

表 5-36　　　　　　工作结束后收尾工作细节示意

√	序号	作业内容
	1	清理工具及现场： 1）收回工器具、材料，摆放在防雨苫布上； 2）工作负责人全面检查工作完成情况，清点整理工具、材料，将工器具清洁后放入专用的箱（袋）中，组织班组成员认真检查现场无遗留物，无误后撤离现场，做到"工完料尽场地清"
	2	办理工作终结手续：工作负责人向设备运维管理单位（工作许可人）汇报工作结束，终结工作票
	3	召开收工会：工作负责人组织召开现场收工会，做工作总结和点评工作： 1）正确点评本项工作的施工质量； 2）点评班组成员在作业中的安全措施的落实情况； 3）点评班组成员对规程的执行情况
	4	作业人员撤离现场

第四节　0.4kV 带电更换直线杆绝缘子

一、适用范围

本作业方法适用于 0.4kV 带电更换直线杆绝缘子作业。图 5-80 为本项作业的标准化作业现场。

图 5-80　标准化作业现场示意

二、规范性引用文件

1. GB 17622 带电作业用绝缘手套通用技术条件
2. GB/T 18037 带电作业工具基本技术要求与设计导则
3. GB/T 14286 带电作业工具设备术语
4. GB/T 2900.55 电工术语、带电作业
5. GB/T 18857 配电线路带电作业技术导则
6. DL/T 320 个人电弧防护用品通用技术要求
7. DL/T 878 带电作业用绝缘工具试验导则
8. Q/GDW 10799.8 国家电网有限公司电力安全工作规程 第八部分：配电部分
9. Q/GDW 12218 低压交流配网不停电技术导则
10. Q/GDW 1519 配网运维规程
11. Q/GDW 10520 10kV 配网不停电作业规范
12. Q/GDW 745 配网设备缺陷分类标准
13. Q/GDW 11261 配网检修规程

三、作业前准备

1. 现场勘察

表 5-37　　　　　　　　　现场勘察工作细节示意

√	序号	内容	标准	备注
	1	现场勘察	（1）现场工作负责人应提前组织有关人员进行现场勘察，根据勘察结果做出能否进行带电作业的判断，并确定作业方法及应采取的安全技术措施。 （2）现场勘察包括下列内容：作业现场条件是否满足施工要求，能否使用低压带电作业车，以及存在的作业危险点等。 （3）工作线路双重名称、杆号： 1）杆身完好无裂纹； 2）埋深符合要求； 3）基础牢固； 4）周围无影响作业的障碍物。 （4）线路装置是否具备带电作业条件。本项作业应检查确认的内容有： 1）缺陷严重程度； 2）是否具备带电作业条件； 3）作业范围内地面土壤坚实、平整，符合低压带电作业车安置条件。 （5）工作负责人指挥工作人员检查工作票所列安全措施，在工作票上补充安全措施	

续表

√	序号	内容	标准	备注
	2	了解现场气象条件	了解现场气象条件，判断是否符合《国家电网有限公司电力安全工作规程　第八部分：配电部分》对带电作业要求： 1）天气应晴好，无雷、雨、雪、雾； 2）风力不大于 5 级； 3）相对湿度不大于 80%	
	3	组织现场作业人员学习作业指导书	掌握整个操作程序，理解工作任务及操作中的危险点及控制措施	
	4	填写工作票并签发	按要求填写配电带电作业工作票，安全措施应符合现场实际，工作票应提前一天签发	

2. 现场作业人员的基本要求

表 5-38　　　　　　　　现场作业人员的基本要求示意

√	序号	内容	备注
	1	作业人员应身体状况良好，情绪稳定，精神集中	
	2	作业人员应具备必要的电气知识，熟悉配电线路带电作业规范	
	3	作业人员经培训合格，取得相应作业资质，并熟练掌握配电线路带电作业方法及技术	
	4	作业人员必须掌握《国家电网有限公司电力安全工作规程　第八部分：配电部分》相关知识，并经考试合格	
	5	作业人员应掌握紧急救护法，特别要掌握触电急救方法	
	6	作业人员应两穿一戴，个人工具和劳保防护用品应合格齐备	

3. 作业人员分工

表 5-39　　　　　　　　作业人员分工示意

√	序号	人员分工	工作内容	人数
	1	工作负责人	负责交代工作任务、安全措施和技术措施，履行监护职责	1 人
	2	斗内电工	负责更换绝缘子	1 人
	3	地面电工	负责地面配合作业	1 人

4. 危险点分析

表 5-40 危险点分析示意

√	序号	内容
	1	工作负责人监护不到位，使作业人员失去监护
	2	未设置防护措施及安全围栏、警示牌，发生行人车辆进入作业现场，造成危害发生
	3	低压带电作业车位置停放不佳，坡度过大，造成车辆倾覆人员伤亡事故
	4	作业人员未对低压带电作业车支腿情况进行检查，误支放在沟道盖板上、未使用垫块或枕木、支撑不到位，造成车辆倾覆人员伤亡事故
	5	低压带电作业车操作人员未将低压带电作业车可靠接地
	6	遮蔽作业时动作幅度过大，接触带电体形成回路，造成人身伤害
	7	遮蔽不完整，留有漏洞、带电体暴露，作业时接触带电体形成回路，造成人身伤害
	8	在同杆架设线路上工作，与上层线路小于安全距离规定且无法采取安全措施，造成人身伤害
	9	解（绑）扎线时，扎线过长造成短路
	10	未能正确使用个人防护用品，造成高处坠落人员伤害
	11	地面人员在作业区下方逗留，造成高处落物伤害

5. 安全注意事项

表 5-41 安全注意事项内容示意

√	序号	内容
	1	作业现场应有专人负责指挥施工，做好现场的组织、协调工作。作业人员应听从工作负责人指挥。工作负责人应履行监护职责，要选择便于监护的位置，监护的范围不得超过一个作业点
	2	作业现场应设置安全围栏、警示标志，防止行人及其他车辆进入作业现场，必要时应派专人守护
	3	低压带电作业车应停放到最佳位置： 1）停放的位置应便于低压带电作业车绝缘斗到达作业位置，避开邻近的电力线和障碍物； 2）停放位置坡度不大于 7°； 3）低压带电作业车宜顺线路停放
	4	作业人员应对低压带电作业车支腿情况进行检查，向工作负责人汇报检查结果。检查标准为： 1）应支放在平坦稳定的地面上，不应支放在沟道盖板上； 2）软土地面应使用垫块或枕木，垫板重叠不超过 2 块； 3）支撑应到位。车辆前后、左右呈水平，整车支腿受力
	5	开始作业前需先对验电器进行自检，自检合格后按"先带电体后接地体"的原则进行验电，并汇报验电结果
	6	带电作业应戴低压带电作业手套、绝缘安全帽（带防弧面屏）、穿防电弧服，并保持对地绝缘；遮蔽作业时动作幅度不得过大，防止造成相间、相对地放电；若存在相间短路风险应加装绝缘遮蔽（隔离）措施

续表

✓	序号	内　容
	7	遮蔽应完整，遮蔽应有重叠，避免留有漏洞、带电体暴露，作业时接触带电体形成回路，造成人身伤害
	8	解（绑）扎线时，扎丝应成卷，边解（绑）边收（放），避免扎实过长接触横担等
	9	正确使用个人防护用品，安全带进行冲击试验，避免意外断裂造成高处坠落人员伤害
	10	地面人员不得在作业区下方逗留，避免造成高处落物伤害

四、工器具及材料

1. 专项作业个人防护用具、承载用具

0.4kV 带电更换直线杆绝缘子作业项目涉及如下个人防护用具。

表5-42　　0.4kV 带电更换直线杆绝缘子作业项目涉及个人防护用具

✓	序号	名称	单位	数量	图示	备注
	1	低压带电作业手套	副	1		GCA—41；≮6.8cal/cm²，0.4kV，具备绝缘、防弧、防刺穿功能
	2	双控背带式安全带	副	1		斗臂车用背部挂点，带缓冲绳
	3	安全帽（带防弧面罩）	顶	1		0.4kV 带电作业用，防电弧能力不小于6.8cal/cm²

续表

√	序号	名称	单位	数量	图示	备注
	4	安全帽	顶	3		根据相关安全技术标准及现场实际情况选定标准型号
	5	防电弧服	套	1		防电弧能力不小于 6.8cal/cm^2
	6	绝缘鞋	双	1		15kV、35kV 可替代

2. 0.4kV 专项作业特种车辆及绝缘工具

0.4kV 带电更换直线杆绝缘子作业项目涉及如下绝缘工具。

表 5-43 0.4kV 带电更换直线杆绝缘子作业项目涉及特种车辆及绝缘工具

√	序号	名称	单位	数量	图示	备注
	1	低压带电作业车	辆	1		0.4kV
	2	绝缘毯	块	若干		1kV

续表

√	序号	名称	单位	数量	图示	备注
	3	绝缘毯夹	只	若干	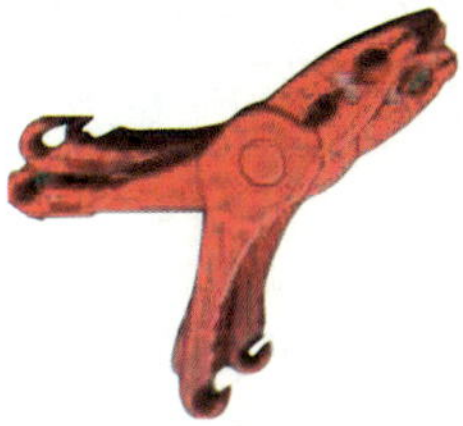	根据相关安全技术标准及现场实际情况选定标准型号
	4	绝缘绳	根	1		1m
	5	绝缘遮蔽罩	根	若干		根据相关安全技术标准及现场实际情况选定标准型号
	6	绝缘钢丝钳	根	1		根据相关安全技术标准及现场实际情况选定标准型号
	7	绝缘活络扳手				根据相关安全技术标准及现场实际情况选定标准型号
	8	绝缘棘轮扳手套装			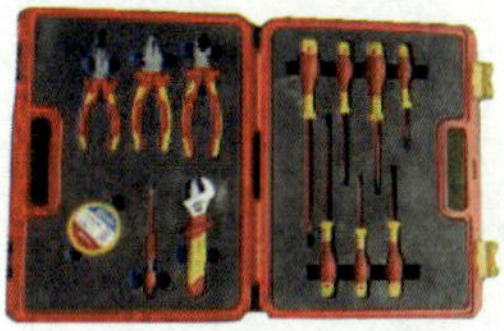	1kV，带 12mm、14mm、17mm 套筒

3. 辅助工具

表 5-44 　　　0.4kV 带电更换直线杆绝缘子作业项目涉及辅助工具

√	序号	名称	单位	数量	图示	备注
	1	防潮苫布	块	1		根据相关安全技术标准及现场实际情况选定标准型号
	2	低压带电作业手套充气装置	个	1		1kV

4. 其他工具及仪器仪表设备

表 5-45 　　　　0.4kV 带电更换直线杆绝缘子作业项目涉及
其他工具及仪器仪表设备示意

√	序号	名称	单位	数量	图示	备注
	1	围栏（网）、安全警示牌等	套	若干		根据相关安全技术标准及现场实际情况选定标准型号
	2	低压声光验电器	支	1		0.4kV
	3	温湿度仪	台	1		根据相关安全技术标准及现场实际情况选定标准型号

√	序号	名称	单位	数量	图示	备注
	4	风速仪	台	1		根据相关安全技术标准及现场实际情况选定标准型号

5. 所需材料

表 5-46　　　0.4kV 带电更换直线杆绝缘子作业项目所需材料示意

√	序号	名称	单位	数量	图示	备注
	1	绝缘扎线	个	若干		根据相关安全技术标准及现场实际情况选定标准型号
	2	绝缘子	只	4	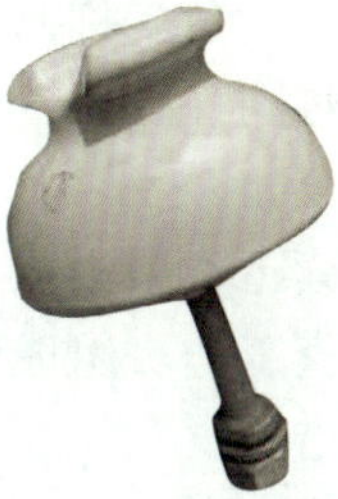	根据相关安全技术标准及现场实际情况选定标准型号
	3	清洁干燥毛巾	条	2	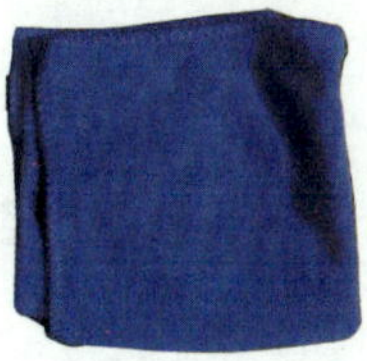	根据相关安全技术标准及现场实际情况选定标准型号

五、作业程序

1. 现场复勘

表 5-47　　　　　　　　　现场复勘工作内容示意

√	序号	内容
	1	工作负责人指挥工作人员核对工作线路双重名称、杆号
	2	工作负责人指挥工作人员检查地形环境是否符合作业要求： 1）杆身完好无裂纹； 2）埋深符合要求； 3）基础牢固； 4）周围无影响作业的障碍物
	3	工作负责人指挥工作人员检查线路装置是否具备带电作业条件。本项作业应检查确认的内容有： 1）缺陷严重程度； 2）作业范围内地面土壤坚实、平整，符合低压带电作业车安置条件
	4	工作负责人指挥工作人员检查气象条件： 1）天气应晴好，无雷、雨、雪、雾； 2）风力不大于 5 级； 3）相对湿度不大于 80%
	5	工作负责人指挥工作人员检查工作票所列安全措施，在工作票上补充安全措施

2. 操作步骤

2.1　开工

2.1.1　执行工作许可制度

工作负责人向设备运行单位申请许可工作。汇报内容为工作负责人姓名、工作地点（线路名称、杆号及设备名称）、工作任务、计划工作时间，完毕后工作负责人在工作票上记录许可时间并签名。

2.1.2　召开班前会

（1）工作负责人宣读工作票。

（2）工作负责人检查工作班组成员精神状态，交代工作任务进行分工，交代工作中的安全措施和技术措施。

（3）工作负责人检查班组各成员对工作任务分工、安全措施和技术措施是否明确。

（4）班组各成员在工作票上签名确认，如图 5-81 所示。

2.1.3　停放低压带电作业车

（1）将低压带电作业车位置停放到最佳位置：

1）停放的位置应便于低压带电作业车绝缘斗到达作业位置，避开邻近电力线和障碍物；

图 5-81 工作负责人召开班前会及工作票确认签字示意

2）停放位置坡度不大于 7°，低压带电作业车宜顺线路停放，如图 5-82 所示。

图 5-82 按要求停放作业车辆示意

（2）作业人员支放低压带电作业车支腿，作业人员对支腿情况进行检查，向工作负责人汇报检查结果。检查标准为：

1）应支放在平坦稳定的地面上，不应支放在沟道盖板上；

2）软土地面应使用垫块或枕木，垫板重叠不超过 2 块。

（3）支撑应到位。车辆前后、左右呈水平；支腿应全部伸出，整车支腿受力，如图 5-83 所示。

图 5-83 作业车按要求支放支腿示意

（4）低压作业车应可靠接地，如图 5-84 所示。

图 5-84

2.1.4 布置工作现场

（1）工作负责人组织班组成员设置工作现场的安全围栏、安全警示标志：

1）安全围栏的范围应考虑作业中高空坠落和高空落物的影响以及道路交通，必要时联系交通部门，如图 5-85 所示。

图 5-85 正确布放安全围栏示意

2）围栏的出入口应设置合理；

3）警示标示应包括"从此进出""在此工作"等，道路两侧应有"车辆慢行"或"车辆绕行"标示或路障，如图 5-86 所示。

图 5-86 警示标志布放示意

（2）班组成员按要求将绝缘工器具放在防潮苫布上：

1）防潮苫布应清洁、干燥；

2）工器具应分类摆放。

（3）绝缘工器具不能与金属工具、材料混放，如图5-87所示。

图5-87 按要求分类示意

2.2 检查

2.2.1 检查绝缘工器具

班组成员使用清洁干燥毛巾逐件对绝缘工器具进行擦拭并进行外观检查，如图5-88所示。

图5-88 班组成员逐项检查绝缘工器具示意

检查时需注意：

1）检查人员应戴清洁、干燥的手套；

2）绝缘工具表面不应磨损、变形损坏，操作应灵活；

3）个人安全防护用具和遮蔽、隔离用具应无针孔、砂眼、裂纹，如图5-89所示。

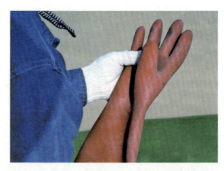

图 5-89　对绝缘手套进行检查示意

4）　绝缘工器具检查完毕，向工作负责人汇报检查结果。

2.2.2　检查低压带电作业车

（1）斗内电工检查低压带电作业车表面状况：绝缘斗应清洁、无裂纹损伤，如图 5-90 所示。

图 5-90　斗内电工检查低压带电作业车表面状况及擦拭挂斗示意

（2）试操作低压带电作业车：

1）试操作应空斗进行；

2）试操作应充分，有回转、升降、伸缩的过程。确认液压、机械、电气系统正常可靠、制动装置可靠，如图 5-91 所示。

图 5-91　空斗试车示意

3）低压带电作业车检查和试操作完毕，斗内电工向工作负责人汇报检查结果。

2.2.3　检查绝缘子

（1）绝缘子外观无裂纹、损坏等情况，如图5-92所示。

图5-92　工作人员检查绝缘子外观示意

（2）绝缘子螺丝顺滑无卡涩，如图5-93所示。

图5-93　工作人员检查绝缘子螺丝是否顺滑无卡涩示意

2.3　作业施工

2.3.1　斗内电工进入绝缘斗

（1）斗内电工穿戴好个人防护用具：

1）绝缘防护用具包括安全帽（带防弧面罩）、低压带电作业手套、绝缘鞋、防电弧服等，如图5-94所示。

2）工作负责人应检查斗内电工防护用具的穿戴是否正确。

（2）斗内电工进入绝缘斗，地面电工配合传递工器具：

1）工器具应分类放置工具袋中；

图 5-94　斗内电工按要求穿戴个人防护用具示意

2）工器具的金属部分不准超出绝缘斗边缘面；

3）工具和人员重量不得超过绝缘斗额定载荷。

（3）斗内电工将安全带系挂在斗内专用挂钩上，如图 5-95 所示。

图 5-95　斗内电工将安全带系挂在斗内专用挂钩上示意

2.3.2　进入带电作业区域

斗内电工经工作负责人许可后，进入带电作业区域，如图 5-96 所示。

图 5-96　获得许可后进入带电作业区域示意

需注意以下几点：

（1）斗内电工在作业过程中不得失去安全保护。

（2）斗内电工在作业过程中人身不得过度探出车斗，失去平衡。

2.3.3　验电

斗内电工使用验电器确认作业现场无漏电现象，如图 5-97 所示。

图 5-97　斗内电工使用验电器验电操作示意

需注意如下几点：

1）对验电器进行自检，检验验电器是否合格；

2）验电时作业人员应与带电导体保持安全距离，验电顺序应由近及远，验电时应戴低压带电作业手套；

3）检验作业现场接地构件、绝缘子有无漏电现象，确认无漏电现象，验电结果汇报工作负责人。

2.3.4　设置绝缘遮蔽

获得工作负责人的许可后，斗内电工转移绝缘斗到近边相导线合适工作位置，按照"从近到远"的顺序逐相对作业中可能触及的带电体、接地体进行绝缘遮蔽隔离，如图 5-98 所示。

图 5-98　斗内电工按照"从近到远"的顺序逐相设置绝缘遮蔽措施示意

需注意如下几点：

1）从近边导线开始遮蔽，先遮蔽带电导线，然后遮蔽绝缘子，最后对横担进行遮蔽；

2）在对带电体设置绝缘遮蔽隔离措施时，动作应轻缓；

3）绝缘遮蔽隔离措施应严密、牢固，绝缘遮蔽组合应重叠，如图5-99所示。

图5-99　按要求设置绝缘遮蔽示意

2.3.5　更换绝缘子

斗内电工检查确认遮蔽无误，获得工作负责人的许可后，作业电工按"先近后远"对绝缘子进行更换工作：

1）拆除绝缘子的遮蔽及扎线，如图5-100所示。

图5-100　拆除绝缘子的遮蔽及扎线工作示意

2）将导线绝缘遮蔽后，放置于横担上，如图5-101所示。

图 5-101 将绝缘子放置于横担上示意

3）更换绝缘子，新更换的绝缘子线槽应与线路平行，如图 5-102 所示。

图 5-102 按要求更换绝缘子示意

4）对新更换的绝缘子进行遮蔽，仅露出绝缘子绑扎线槽的位置，便于绑扎导线，如图 5-103 所示。

图 5-103 对新更换的绝缘子进行遮蔽工作示意

5）将导线挪到绝缘子线槽内，打开导线遮蔽罩，使用扎线固定导线，如图 5－104 所示。

图 5－104 用扎线固定导线后的效果示意

6）恢复绝缘子遮蔽，如图 5－105 所示。

图 5－105 恢复绝缘子遮蔽示意

整体操作过程中需要注意以下几点：

第一，上下传递工具、材料均应使用绝缘绳传递，严禁抛、扔；

第二，斗内电工在转移作业位置、接触带电导线前均应得到工作负责人的许可；

第三，作业时，严禁人体同时接触两个不同电位的物体。

2.3.6 拆除绝缘遮蔽

获得工作负责人许可后，按照与设置遮蔽相反的顺序进行绝缘拆除：

1）拆除横担绝缘遮蔽；

2）由远至近逐相拆除绝缘子及导线绝缘遮蔽，如图 5–106 所示。

图 5–106　按要求拆除绝缘遮蔽后的效果示意

2.3.7　撤离作业面

斗内电工清理工作现场，杆上、线上无遗留物，向工作负责人汇报，如图 5–107 所示。

图 5–107　工作负责人全面检查后，确认工作完成示意

工作负责人应进行全面检查，符合运行条件，确认工作完成无误后，向工作许可人汇报。

低压带电作业车收回。

2.4　施工质量检查

现场工作负责人全面检查作业质量，无遗漏的工具、材料等。

2.5　完工

现场工作负责人全面检查工作完成情况。

六、工作结束

表 5-48　　　　　　　　工作结束后收尾工作细节示意

√	序号	作业内容
	1	清理工具及现场： 1）收回工器具、材料，摆放在防潮苫布上； 2）工作负责人全面检查工作完成情况，清点整理工具、材料，将工器具清洁后放入专用的箱（袋）中，组织班组成员认真检查现场无遗留物，无误后撤离现场，做到"工完料尽场地清"
	2	办理工作终结手续：工作负责人向设备运维管理单位（工作许可人）汇报工作结束，终结工作票
	3	召开收工会：工作负责人组织召开现场收工会，做工作总结和点评工作 1）正确点评本项工作的施工质量； 2）点评班组成员在作业中的安全措施的落实情况； 3）点评班组成员对规程的执行情况
	4	作业人员撤离现场

第五节　0.4kV 旁路作业加装智能配变终端

一、适用范围

本作业方法适用于 0.4kV 旁路不停电更换低压开关及加装智能配电变压器终端作业指导书，适用于加装智能终端同时需要更换低压开关的作业。图 5-108 为本项作业的标准化作业现场。

图 5-108　0.4kV 旁路不停电更换低压开关及加装智能配电变压器终端标准化作业现场示意

二、规范性引用文件

1. GB 17622　带电作业用绝缘手套通用技术条件

2. GB/T 18037　带电作业工具基本技术要求与设计导则

3. GB/T 14286　带电作业工具设备术语

4. GB/T 2900.55　电工术语、带电作业

5. GB/T 18857　配电线路带电作业技术导则

6. DL/T 320　个人电弧防护用品通用技术要求

7. DL/T 878　带电作业用绝缘工具试验导则

8. Q/GDW 10799.8 国家电网有限公司电力安全工作规程　第八部分：配电部分

9. Q/GDW 12218　低压交流配网不停电技术导则

10. Q/GDW 1519　配网运维规程

11. Q/GDW 10520 10kV 配网不停电作业规范

12. Q/GDW 745　配网设备缺陷分类标准

13. Q/GDW 11261　配网检修规程

三、作业前准备

1. 现场勘察

表 5-49　　　　　　　　　　　现场勘察工作细节示意

√	序号	内容	标准	备注
	1	现场勘察	（1）现场工作负责人应提前组织有关人员进行现场勘察，根据勘察结果做出能否进行带电作业的判断，并确定作业方法及应采取的安全技术措施。 （2）现场勘察包括下列内容：作业现场条件是否满足施工要求，能否使用低压带电作业车，以及存在的作业危险点等。 （3）工作设备双重名称、杆号。 1）杆身完好无裂纹； 2）埋深符合要求； 3）基础牢固； 4）周围无影响作业的障碍物。 （4）线路装置是否具备带电作业条件。本项作业应检查确认的内容有： 1）JP 柜内设备情况满足作业要求； 2）否具加装融合终端条件； 3）作业范围内地面土壤坚实、平整，符合低压带电作业车安置条件； （5）工作负责人指挥工作人员检查工作票所列安全措施，在工作票上补充安全措施	

续表

√	序号	内容	标准	备注
	2	了解现场气象条件	了解现场气象条件，判断是否符合《国家电网有限公司电力安全工作规程　第八部分：配电部分》对带电作业要求。 （1）天气应晴好，无雷、雨、雪、雾； （2）风力不大于 5 级； （3）相对湿度不大于 80%	
	3	组织现场作业人员 学习作业指导书	掌握整个操作程序，理解工作任务及操作中的危险点及控制措施	
	4	填写工作票并签发	按要求填写配电带电作业工作票，安全措施应符合现场实际，工作票应提前一天签发	

2. 现场作业人员的基本要求

表 5-50　　　　　　　　　现场作业人员的基本要求示意

√	序号	内容	备注
	1	作业人员应身体状况良好，情绪稳定，精神集中	
	2	作业人员应具备必要的电气知识，熟悉配电线路带电作业规范	
	3	作业人员经培训合格，取得相应作业资质，并熟练掌握配电线路带电作业方法及技术	
	4	作业人员必须掌握《国家电网有限公司电力安全工作规程　第八部分：配电部分》相关知识，并经考试合格	
	5	作业人员应掌握紧急救护法，特别要掌握触电急救方法	
	6	作业人员应两穿一戴，个人工具和劳保防护用品应合格齐备	

3. 作业人员分工

表 5-51　　　　　　　　　作 业 人 员 分 工 示 意

√	序号	人员分工	工作内容	人数
	1	工作负责人	负责交代工作任务、安全措施和技术措施，履行监护职责	1人
	2	1号电工	带电断接低压旁路电缆及线路的连接	1人
	3	专责监护人	监护作业点	1人
	4	地面操作电工	连接低压旁路开关、开关	1人
	5	地面电工	铺设低压旁路电缆，辅助传递工器具	2人

4. 危险点分析

表 5-52　　　　　　　　　危 险 点 分 析 示 意

√	序号	内容
	1	未对现场装置进行验电，造成人身触电
	2	遮蔽不完整，留有漏洞、带电体暴露，作业时导致人体未防护部位同时接触不同电位装置串入电路，造成人身触电
	3	遮蔽作业时动作幅度过大，接触带电体形成回路，造成人身伤害
	4	低压旁路电缆的绝缘性能不合格，造成人身伤害
	5	旁路开关未断开，造成带负荷搭接旁路引流线
	6	作业人员高空作业不使用安全带，高空坠落
	7	地面人员在作业区下方逗留，造成高处落物伤害
	8	工作地点未于车辆较多或公路附近，可能发生交通意外

5. 安全注意事项

表 5-53　　　　　　　　　安全注意事项内容示意

√	序号	内　容
	1	作业前用验电器确认电杆、横担无漏电现象
	2	对作业点附近的带电部位进行绝缘遮蔽。遮蔽应完整、严密，避免留有漏洞、带电体暴露，作业时接触带电体形成回路，造成人身伤害
	3	监护人员应时刻提醒作业人员动作范围
	4	旁路电缆应进行外观检查及绝缘电阻检测
	5	接引线时应使用绝缘工具有效控制引线端头，严禁同时接触不同电位，以防人体串入电路造成人身伤害
	6	传递工器具、材料时，应使用绝缘绳索
	7	旁路开关的断开状态，应用表计测量确认
	8	高空作业人员正确使用安全带
	9	地面人员不得在作业区下方逗留，避免造成高处落物伤害

四、工器具及材料

领用带电作业工器具应核对电压等级和试验周期，并检查外观及试验标签完好无损。

工器具在运输过程中，应存放在专用工具袋、工具箱或工具车内，以防受潮和损伤。

1. 专项作业个人防护用具、承载用具

0.4kV 旁路不停电更换低压开关及加装智能配电终端作业项目涉及如下个人防护用具。

表 5-54　　　　　　　　　作业项目涉及个人防护用具

√	序号	名称	单位	数量	图示	备注
	1	低压带电作业手套	副	4	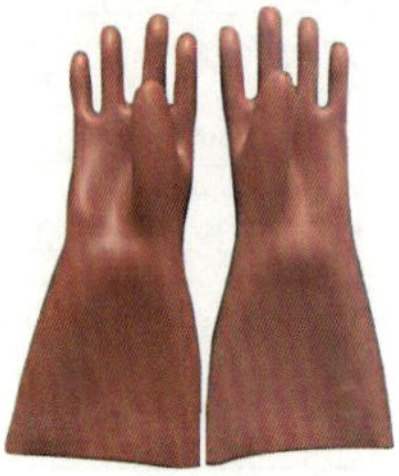	具备绝缘、防弧、防刺穿功能
	2	双控背带式安全带	副	1		斗臂车用背部挂点，带缓冲绳
	3	安全帽（带防弧面罩）	顶	2		0.4kV 带电作业用，防电弧能力不小于 6.8cal/cm²
	4	安全帽	顶	6	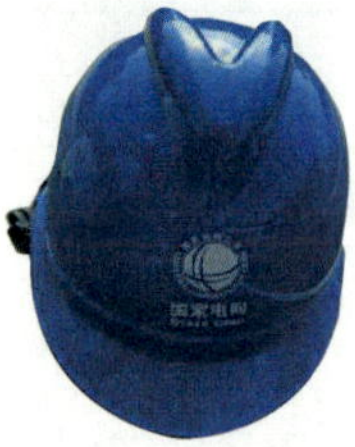	根据相关安全技术标准及现场实际情况选定标准型号

续表

√	序号	名称	单位	数量	图示	备注
	5	防电弧服	套	1		室外作业防电弧能力不小于 6.8cal/cm²
	6	绝缘鞋	双	6		根据相关安全技术标准及现场实际情况选择

2. 0.4kV 专项作业特种车辆及绝缘工具

0.4kV 旁路不停电更换低压开关及加装智能配电终端作业项目涉及如下绝缘工具。

表 5-55　　　　　作业项目涉及特种车辆及绝缘工具

√	序号	名称	单位	数量	图示	备注
	1	低压带电作业车	辆	1		0.4kV
	2	绝缘凳	个	1		0.4kV
	3	绝缘护套	个	若干	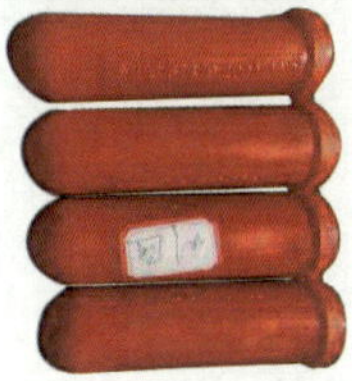	0.4kV

续表

√	序号	名称	单位	数量	图示	备注
	4	绝缘毯	块	若干		1kV
	5	绝缘隔板	块	1		10kV
	6	绝缘遮蔽罩	只	若干	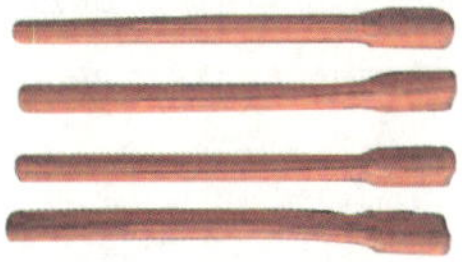	根据相关安全技术标准及现场实际情况选定标准型号
	7	绝缘绳	根	1		10kV
	8	绝缘绳套	根	4		0.4kV

3. 辅助工具

表5-56　　　　　　　　　作业项目涉及辅助工具

√	序号	名称	单位	数量	图示	备注
	1	防潮苫布	块	1		根据相关安全技术标准及现场实际情况选定标准型号
	2	低压旁路开关	个	1		根据相关安全技术标准及现场实际情况选定标准型号

续表

√	序号	名称	单位	数量	图示	备注
	3	个人手工绝缘工具	套	1		1kV
	4	余缆支架	根	2		根据相关安全技术标准及现场实际情况选定标准型号

4. 其他工具及仪器仪表设备

表5-57　　　　作业项目涉及其他工具及仪器仪表设备示意

√	序号	名称	单位	数量	图示	备注
	1	围栏（网）、安全警示牌等	套	若干		根据相关安全技术标准及现场实际情况选定标准型号
	2	绝缘电阻表	块	1		根据相关安全技术标准及现场实际情况选定标准型号
	3	万用表	块	1		优选 FLUKE
	4	钳形电流表	块	1	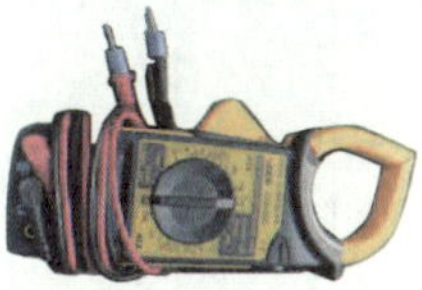	根据相关安全技术标准及现场实际情况选定标准型号

续表

√	序号	名称	单位	数量	图示	备注
	5	低压声光验电器	支	1		0.4kV
	6	温湿度仪	台	1	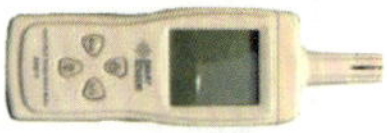	根据相关安全技术标准及现场实际情况选定标准型号
	7	红外测温仪	只	1	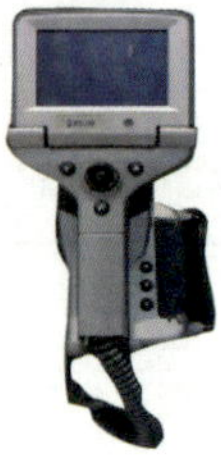	根据相关安全技术标准及现场实际情况选定标准型号
	8	放电棒	根	1		根据相关安全技术标准及现场实际情况选定标准型号

5. 所需材料

表 5-58　　　　　　　　作业项目所需材料示意

√	序号	名称	单位	数量	图示	备注
	1	智能配变终端	套	1	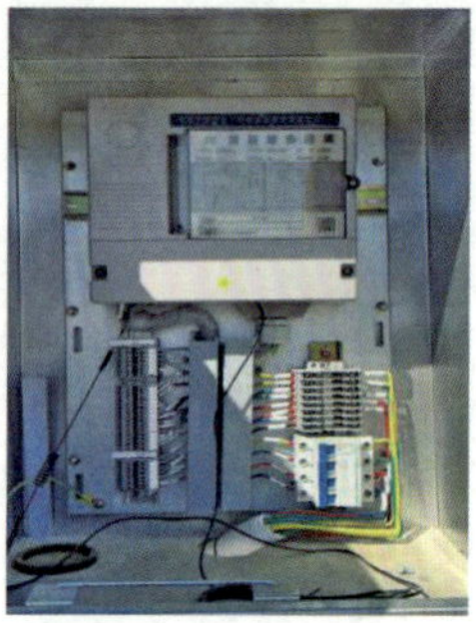	根据相关安全技术标准及现场实际情况选定标准型号

续表

√	序号	名称	单位	数量	图示	备注
	2	清洁干燥毛巾	条	2		根据相关安全技术标准及现场实际情况选定标准型号

五、作业程序

1. 现场复勘

表 5-59　　　　　　　　　现场复勘工作内容示意

√	序号	内容
	1	工作负责人核对工作线路双重名称、杆号
	2	工作负责人检查地形环境是否符合作业要求： 1）杆身完好无裂纹； 2）埋深符合要求； 3）基础牢固； 4）周围无影响作业的障碍物
	3	工作负责人检查线路装置是否具备带电作业条件。本项作业应检查确认的内容有： 1）JP 柜内设备情况满足作业要求； 2）否具加装融合终端条件； 3）作业范围内地面土壤坚实、平整，符合低压带电作业车安置条件
	4	线路装置是否具备带电作业条件
	5	工作负责人检查气象条件： 1）天气应晴好，无雷、雨、雪、雾； 2）风力不大于 5 级； 3）相对湿度不大于 80%
	6	工作负责人指挥工作人员检查工作票所列安全措施，在工作票上补充安全措施

2. 操作步骤

2.1　开工

2.1.1　执行工作许可制度

（1）工作负责人按工作票内容与设备运维管理单位联系，获得设备运维管理单位工作许可。

（2）工作负责人在工作票上签字，并记录许可时间。

2.1.2 召开班前会

（1）工作负责人宣读工作票。

（2）工作负责人检查工作班组成员精神状态，交代工作任务进行分工，交代工作中的安全措施和技术措施。

（3）工作负责人检查班组各成员对工作任务分工、安全措施和技术措施是否明确。

（4）班组各成员在工作票上签名确认，如图 5-109 所示。

图 5-109　工作负责人召开班前会示意

2.1.3 停放低压带电作业车

（1）将低压带电作业车位置停放到最佳位置：

1）停放的位置应便于低压带电作业车绝缘斗到达作业位置，避开邻近电力线和障碍物；

2）停放位置坡度不大于 7°，低压带电作业车宜顺线路停放，如图 5-110 所示。

图 5-110　按要求停放作业车辆示意

（2）作业人员支放低压带电作业车支腿，作业人员对支腿情况进行检查，向工作负责人汇报检查结果。检查标准为：

1）应支放在平坦稳定的地面上，不应支放在沟道盖板上。

2）软土地面应使用垫块或枕木，垫板重叠不超过2块。

（3）支撑应到位。车辆前后、左右呈水平；支腿应全部伸出，整车支腿受力，如图5-111所示。

图5-111　作业车按要求支放支腿示意

2.1.4　布置工作现场

（1）工作负责人组织班组成员设置工作现场的安全围栏、安全警示标志：

1）安全围栏的范围应考虑作业中高空坠落和高空落物的影响以及道路交通，必要时联系交通部门，如图5-112所示。

图5-112　正确布放安全围栏示意

2）围栏的出入口应设置合理；

3）警示标示应包括"从此进出""在此工作"等，道路两侧应有"车辆慢行"或"车辆绕行"标示或路障，如图5-113所示。

（2）班组成员按要求将绝缘工器具放在防潮苫布上：

1）防潮苫布应清洁、干燥；

图 5 – 113　警示标志布放示意

2）工器具应分类摆放。

（3）绝缘工器具不能与金属工具、材料混放，如图 5 – 114 所示。

图 5 – 114　按要求分类示意

2.2　检查

2.2.1　检查绝缘工器具

班组成员使用清洁干燥毛巾逐件对绝缘工器具进行擦拭并进行外观检查，如图 5 – 115 所示。

图 5 – 115　班组成员检查绝缘工器具示意

检查时需注意：

1）检查人员应戴清洁、干燥的手套；

2）绝缘工具表面不应磨损、变形损坏，操作应灵活，如图5-116所示。

图5-116 绝缘工具检查示意

3）个人安全防护用具和遮蔽、隔离用具应无针孔、砂眼、裂纹，如图5-117所示。

图5-117 个人安全防护用具及绝缘工器具检查示意

4）绝缘工器具检查完毕，向工作负责人汇报检查结果。

2.2.2　检查低压带电作业车

（1）斗内电工检查低压带电作业车表面状况：绝缘斗应清洁、无裂纹损伤，如图 5-118 所示。

图 5-118　斗内电工检查低压带电作业车表面状况及擦拭挂斗示意

（2）试操作低压带电作业车：

1）试操作应空斗进行；

2）试操作应充分，有回转、升降、伸缩的过程。确认液压、机械、电气系统正常可靠、制动装置可靠，如图 5-119 所示。

图 5-119　空斗试车示意

3）低压带电作业车检查和试操作完毕，斗内电工向工作负责人汇报检查结果。

2.3　作业施工

2.3.1　斗内电工进入绝缘斗

斗内电工进入绝缘斗，地面电工配合传递工器具。

（1）工器具的金属部分不准超出绝缘斗边缘面；

（2）工具和人员重量不得超过绝缘斗额定载荷，如图 5-120 所示。

图 5-120　斗内电工进入绝缘斗示意

（3）斗内电工将安全带系挂在斗内专用挂钩上，如图 5-121 所示。

图 5-121　斗内电工将安全带系挂在斗内专用挂钩上示意

2.3.2　进入带电作业区域

斗内电工经工作负责人许可后，进入带电作业区域，如图 5-122 所示。

图 5-122　斗内电工进入带电作业区域

需注意以下几点：

（1）斗内电工在作业过程中不得失去安全保护；

（2）斗内电工在作业过程中人身不得过度探出车斗，失去平衡。

2.3.3 验电

斗内电工使用验电器确认作业现场无漏电现象，如图5-123所示。

图5-123　验电工作示意

在带电导线上检验验电器是否完好，需注意以下几点：

（1）验电时作业人员应与带电导体保持安全距离，验电顺序应由近及远，验电时应戴低压带电手套；

（2）检验作业现场接地构件有无漏电现象，确认无漏电现象，验电结果汇报工作负责人。

2.3.4 检查确认线路负荷电流

使用钳形电流表测量，确认负荷电流小于旁路系统额定电流，如图5-124所示。

图5-124　用钳形电流表测量负荷电流示意

2.3.5 测温

用红外测温仪测量变压器低压桩头温度，确认变压器低压桩头温度满足作业条件，如图 5－125 所示。

图 5－125　用红外测温仪测量变压器低压桩头温度

2.3.6　安装低压旁路开关及铺设低压旁路电缆

在适当位置放置低压旁路开关，并可靠接地，低压旁路开关设定名称为 PL01 开关，如图 5－126 所示。

图 5－126　在适当位置放置低压旁路开关，且可靠接地示意

将低压旁路电缆放置在防潮苫布上，如图 5－127 所示。

图 5－127　将低压旁路电缆放置在防潮苫布上示意

2.3.7　绝缘检测及放电

获得工作负责人许可后，对低压旁路电缆进行绝缘电阻检测，如图 5－128 所示。

图 5－128　绝缘电阻检测示意

低压旁路电缆使用前应进行外观检查，组装完成后检测绝缘电阻，合格后逐相充分放电，方可投入使用；低压旁路电缆端头进行绝缘包裹，如图 5－129 所示。

图 5－129　验电工作示意

2.3.8　检查低压旁路开关 PL01 处于断开状态

根据旁路开关机械指示及电源指示确认低压旁路开关 PL01 处于断开状态，悬挂"禁止合闸，线路有人工作"指示牌，如图 5－130 所示。

图 5－130　确认低压旁路开关 PL01 处于断开状态示意

2.3.9 低压旁路电缆接入低压旁路开关 PL01

获得工作负责人的许可后,确认旁路开关在分位,地面电工将低压旁路电缆按照进出线及相色标志接入低压旁路开关,确保接入牢固可靠,如图5–131所示。

图5–131 低压旁路电缆接入低压旁路开关 PL01 示意

2.3.10 安装变压器绝缘遮蔽措施

获得工作负责人许可后,斗内电工相互配合对变压器高压桩头进行绝缘隔离、变压器外壳、变压器低压桩头进行绝缘遮蔽。作业人员按照"由近到远"的原则对作业范围内的带电体、接地体进行绝缘遮蔽,如图5–132所示。

图5–132 安全变压器绝缘隔板及绝缘遮蔽措施示意

2.3.11 安装变压器侧绝缘横担

获得工作负责人许可后,斗内电工在合适位置安装绝缘横担,安装应牢固可靠,如图5–133所示。

2.3.12 安装变压器低压线路处绝缘遮蔽措施

获得工作负责人许可后,斗内电工相互配合对低压线路进行绝缘遮蔽,作业人员需按照"由近到远"的原则对作业范围内的带电体、接地体进行绝缘遮蔽,如图5–134所示。

图 5-133　安装变压器侧绝缘横担示意

图 5-134　安装变压器低压线路处绝缘遮蔽措施示意

2.3.13　安装低压旁路电缆

斗内电工和地面电工配合吊装低压旁路电缆，将低压旁路电缆安装至绝缘横担上，同时预留合适的安装长度，如图 5-135 所示。

图 5-135　吊装低压旁路电缆示意

2.3.14　低压旁路电缆带电接入变压器低压桩头

获得工作负责人许可后，斗内电工相互配合依次将低压旁路电缆按相色带电接入变压器低压桩头处，依次安装低压套管引流装置，同时将低压旁路电缆按相色带电接入低压套管引流装置，如图 5－136 所示。

图 5－136 低压旁路电缆带电接入变压器低压桩头示意

2.3.15 低压旁路电缆带电接入低压线路

获得工作负责人的许可后，斗内电工相互配合在合适位置将低压旁路电缆按相色带电接入低压线路，如图 5－137 所示。

图 5－137 低压旁路电缆带电接入低压线路示意

2.3.16 低压旁路开关 PL01 核相

获得工作负责人许可后，地面电工在低压旁路开关 PL01 处核相。作业人员穿戴相应防护等级的防电弧服检测低压旁路开关两侧相序，确认一致，如图 5－138 所示。

图 5－138 低压旁路开关 PL01 核相示意

2.3.17 合上低压旁路开关 PL01

核相正确获得工作负责人的许可后，地面操作电工合上低压旁路开关 PL01，并确认，如图 5-139 所示。

图 5-139　合上低压旁路开关 PL01 示意

2.3.18 检测电流

获得工作负责人的许可后，斗内电工在低压桩头处使用钳形电流表测量原线路及低压旁路电缆通流情况确认分流正常，如图 5-140 所示。

图 5-140　用钳形电流表检测电流示意

2.3.19 断开配电箱 412 开关、低压总开关

获得工作负责人的许可后，地面电工使用专用工具断开配电箱 412 开关，低压总开关，并确认，如图 5-141 所示。

图 5-141　断开配电箱 412 开关（左）、低压总开关（右）示意

需注意，断开后悬挂"禁止合闸，有人工作"指示牌，如图 5-142 所示。

图 5-142　悬挂"禁止合闸，有人工作"指示牌示意

2.3.20　确认配电箱 412 开关断开状态

获得工作负责人的许可后，斗内电工在低压桩头处使用钳形电流表测量原线路及低压旁路电缆通流情况并汇报给工作负责人记录。确认配电箱 412 开关已断开，如图 5-143 所示。

图 5-143　确认配电箱 412 开关断开状态示意

2.3.21　拆除配电箱与变压器低压桩头的电缆连接

获得工作负责人的许可后，斗内电工做好绝缘遮蔽措施将变配电箱与变压器低压桩头的电缆连接拆除，依次拆除配电箱与变压器低压桩头的电缆引线，设置绝缘遮蔽措施，并可靠固定，如图 5-144 所示。

2.3.22　拆除配电箱与低压线路的电缆连接

获得工作负责人的许可后，斗内电工做好绝缘遮蔽措施将配电箱与低压线路的电缆连接拆除，设置绝缘遮蔽措施，并可靠固定，如图 5-145 所示。

图 5-144　拆除配电箱与变压器低压桩头的电缆连接示意

图 5-145　拆除配电箱与低压线路的电缆连接示意

2.3.23　停电更换低压配电箱及加装智能终端 TTU

检修作业人员按照作业要求执行更换配电箱及加装智能终端 TTU 作业，如图 5-146 所示。

图 5-146　停电更换低压配电箱及加装智能终端 TTU

2.3.24　确认新换配电箱 412 开关断开

斗内电工使用万用表检查确认新换配电箱 412 开关断开状态,确认断开后悬挂"禁止合闸,有人工作"指示牌,如图 5-147 所示。

图 5-147　确认 412 开关断开并悬挂指示牌示意

2.3.25　连接安装变配电箱与变压器低压桩头电缆引线

获得工作负责人许可后,斗内电工一次按照相色标志安装配电箱与低压线路电缆引线,如图 5-148 所示。

图 5-148　连接安装变配电箱与变压器低压桩头电缆引线示意

2.3.26　连接安装配电箱与低压线路导线电缆引线

斗内电工做好绝缘遮蔽措施将配电箱与低压线路的导线连接,如图 5-149 所示。

2.3.27　配电箱 412 开关两侧核相

获得工作负责人许可后,作业人员检测配电箱 412 开关两侧相序,确认一致,如图 5-150 所示。

图 5-149 连接安装配电箱与低压线路导线电缆引线示意

图 5-150 配电箱 412 开关两侧核相示意

2.3.28 合上配电箱 412 开关

斗内电工升至适当位置，合上配电箱 412 开关，如图 5-151 所示。

图 5-151 合上配电箱 412 开关示意

2.3.29 检测电流

斗内电工用钳形电流表检测配电箱 412 开关线路及低压旁路电缆通流情况，确认分流正常，如图 5-152 所示。

图 5-152 检测电流示意

2.3.30 断开低压旁路开关 PL01

获得工作负责人许可后,作业人员断开低压旁路开关并确认,如图 5-153 所示。

图 5-153 断开低压旁路开关 PL01 示意

2.3.31 带电拆除低压旁路电缆与变压器低压桩头的连接电缆引线

斗内电工配合依次将低压旁路电缆与变压器低压桩头处低压套管引流装置连接拆除,同时拆除低压套管引流装置,如图 5-154 所示。

图 5-154 带电拆除低压旁路电缆与变压器低压桩头的连接电缆引线示意

2.3.32 带电拆除低压旁路电缆与低压线路导线的连接电缆引线

获得工作负责人许可后，斗内电工和地面电工相互配合依次将低压旁路电缆与低压线路导线的连接拆除，如图 5-155 所示。

图 5-155 带电拆除低压旁路电缆与低压线路导线的连接电缆引线示意

2.3.33 拆除低压旁路电缆、绝缘横担、遮蔽措施

斗内电工和地面电工相互配合将低压线路处低压旁路电缆吊下，如图 5-156 所示。

图 5-156 拆除低压旁路电缆示意

2.3.34 拆除低压线路处的绝缘遮蔽措施及绝缘横担

斗内电工按照"由远到近"的原则拆除低压线路处的绝缘遮蔽措施及绝缘横担，如图 5-157 所示。

图 5-157 工作人员准备拆除低压线路处的绝缘遮蔽措施示意

2.3.35　将变压器侧低压旁路电缆吊下并逐相放电

斗内电工和地面电工相互配合将变压器侧低压旁路电缆吊下,并对拆除的电缆逐相放电,如图 5−158 所示。

图 5−158　对吊下的低压旁路电缆进行逐相放电示意

2.3.36　拆除变压器侧低压桩头的绝缘遮蔽措施

获得工作负责人许可后,作业人员按照"由远到近"的原则拆除作业范围内的绝缘遮蔽,如图 5−159 所示。

图 5−159　工作人员拆除变压器侧低压桩头的绝缘遮蔽措施示意

2.3.37　拆除绝缘横担及绝缘支撑杆

斗内电工相互配合拆除绝缘横担及绝缘支撑杆,如图 5−160 所示。

图 5−160　拆除绝缘横担及绝缘支撑杆示意

2.3.38　拆除变压器高压桩头遮蔽罩及变压器外壳遮蔽措施

斗内电工拆除变压器高压桩头遮蔽罩及变压器外壳遮蔽措施，如图5-161所示。

图5-161　拆除变压器高压桩头遮蔽罩及变压器外壳遮蔽措施示意

2.3.39　返回地面

确认作业点无遗留物，在获得工作负责人许可后，返回地面，如图5-162所示。

图5-162　作业人员返回地面示意

2.4　施工质量验收

现场工作负责人全面检查作业质量，作业现场无遗漏工具、材料等；全面检查工作完成情况确认装置无缺陷，符合运行要求，如图5-163所示。

图5-163　工作负责人施工质量检查后做工作总结示意

2.5　完工

现场工作负责人全面检查工作完成情况。

六、工作结束

操作结束后，需要完成的收尾工作细节如表 12 所示。

表 5-60　　　　　　　工作结束后收尾工作细节示意

√	序号	作业内容
	1	清理工具及现场： 1）收回工器具、材料，摆放在防潮苫布上； 2）工作负责人全面检查工作完成情况，清点整理工具、材料，将工器具清洁后放入专用的箱（袋）中，组织班组成员认真检查现场无遗留物，无误后撤离现场，做到"工完料尽场地清"
	2	办理工作终结手续：工作负责人向设备运维管理单位（工作许可人）汇报工作结束，终结工作票
	3	召开收工会：工作负责人组织召开现场收工会，做工作总结和点评工作： 1）正确点评本项工作的施工质量； 2）点评班组成员在作业中的安全措施的落实情况； 3）点评班组成员对规程的执行情况
	4	作业人员撤离现场

第六节　0.4kV 带电断低压空载电缆引线

一、适用范围

本作业方法适用于适用于低压带电作业车 0.4kV 带电断低压空载电缆的作业。图 5-164 为本项作业的标准化作业现场。

图 5-164　标准化作业现场示意

二、规范性引用文件

1. GB 17622 带电作业用绝缘手套通用技术条件
2. GB/T 18037 带电作业工具基本技术要求与设计导则
3. GB/T 14286 带电作业工具设备术语
4. GB/T 2900.55 电工术语、带电作业
5. GB/T 18857 配电线路带电作业技术导则
6. DL/T 320 个人电弧防护用品通用技术要求
7. DL/T 878 带电作业用绝缘工具试验导则
8. Q/GDW 10799.8 国家电网有限公司电力安全工作规程 第八部分：配电部分
9. Q/GDW 12218 低压交流配网不停电技术导则
10. Q/GDW 1519 配网运维规程
11. Q/GDW 10520 10kV 配网不停电作业规范
12. Q/GDW 745 配网设备缺陷分类标准
13. Q/GDW 11261 配网检修规程

三、作业前准备

1. 现场勘察

表 5-61   现场勘察工作细节示意

√	序号	内容	标准	备注
	1	现场勘察	（1）现场工作负责人应提前组织有关人员进行现场勘察，根据勘察结果做出能否进行带电作业的判断，并确定作业方法及应采取的安全技术措施。 （2）现场勘察包括下列内容：作业现场条件是否满足施工要求，能否使用低压带电作业车，以及存在的作业危险点等。 （3）工作线路双重名称、杆号。 1）杆身完好无裂纹； 2）埋深符合要求； 3）基础牢固； 4）周围无影响作业的障碍物。 （4）线路装置是否具备带电作业条件。本项作业应检查确认的内容有： 1）缺陷严重程度； 2）是否具备带电作业条件； 3）作业范围内地面土壤坚实、平整，符合低压带电作业车安置条件。 （5）工作负责人指挥工作人员检查工作票所列安全措施，在工作票上补充安全措施	

续表

√	序号	内容	标准	备注
	2	了解现场气象条件	了解现场气象条件，判断是否符合《国家电网有限公司电力安全工作规程第八部分：配电部分》对带电作业要求。 （1）天气应晴好，无雷、雨、雪、雾； （2）风力不大于 5 级； （3）相对湿度不大于 80%	
	3	组织现场作业人员 学习作业指导书	掌握整个操作程序，理解工作任务及操作中的危险点及控制措施	
	4	填写工作票并签发	按要求填写配电带电作业工作票，安全措施应符合现场实际，工作票应提前一天签发	

2. 现场作业人员的基本要求

表 5-62　　　　　　　现场作业人员的基本要求示意

√	序号	内容	备注
	1	作业人员应身体状况良好，情绪稳定，精神集中	
	2	作业人员应具备必要的电气知识，熟悉配电线路带电作业规范	
	3	作业人员经培训合格，取得相应作业资质，并熟练掌握配电线路带电作业方法及技术	
	4	作业人员必须掌握《国家电网有限公司电力安全工作规程第八部分：配电部分》相关知识，并经年度考试合格	
	5	作业人员应掌握紧急救护法，特别要掌握触电急救方法	
	6	作业人员应两穿一戴，个人工具和劳保防护用品应合格齐备	

3. 作业人员分工

表 5-63　　　　　　　作 业 人 员 分 工 示 意

√	序号	人员分工	工作内容	人数
	1	工作负责人	负责交代工作任务、安全措施和技术措施，履行监护职责	1 人
	2	斗内电工	带电断低压空载电缆及绝缘遮蔽	1 人
	3	专责监护人（可由工作负责人兼任）	专责监护斗内电工带电作业	1 人
	4	地面电工	检测及传递工器具	1 人

4. 危险点分析

表 5-64   危 险 点 分 析 示 意

√	序号	内容
	1	工作负责人、专责监护人监护不到位，使作业人员失去监护
	2	未设置防护措施及安全围栏、警示牌，发生行人车辆进入作业现场，造成危害发生
	3	低压带电作业车位置停放不佳，附近存在电力线和障碍物，坡度过大，造成车辆倾覆人员伤亡事故
	4	作业人员未对低压带电作业车支腿情况进行检查，误支放在沟道盖板上、未使用垫块或枕木、支撑不到位，造成车辆倾覆人员伤亡事故
	5	低压带电作业车操作人员未将低压带电作业车可靠接地
	6	遮蔽作业时动作幅度过大，接触带电体形成回路，造成人身伤害
	7	遮蔽不完整，留有漏洞、带电体暴露，作业时接触带电体形成回路，造成人身伤害
	8	未能正确使用个人防护用品，造成高处坠落人员伤害
	9	禁止带负荷断电缆引线
	10	断空载电缆引线时，未按正确顺序断开电缆引线
	11	地面人员在作业区下方逗留，造成高处落物伤害

5. 安全注意事项

表 5-65   安全注意事项内容示意

√	序号	内容
	1	作业现场应有专人负责指挥施工，做好现场的组织、协调工作。作业人员应听从工作负责人指挥。监护人应履行监护职责，要选择便于监护的位置，监护的范围不得超过一个作业点
	2	作业前，工作负责人应组织工作人员进行现场勘察，确认待断电缆引线确实处于空载状态，后端线路开关及刀闸处于拉开位置，并测流确认
	3	作业现场及工具摆放位置周围应设置安全围栏、警示标志，防止行人及其他车辆进入作业现场，必要时应派专人守护
	4	低压带电作业车应停放到最佳位置： （1）停放的位置应便于低压带电作业车绝缘斗到达作业位置，避开邻近的电力线和障碍物； （2）停放位置坡度不大于 7°； （3）低压带电作业车宜顺线路停放
	5	作业人员对低压带电作业车支腿情况进行检查，向工作负责人汇报检查结果。检查标准为： （1）应支放在平坦稳定的地面上，不应支放在沟道盖板上； （2）软土地面应使用垫块或枕木，垫板重叠不超过 2 块； （3）支撑应到位。车辆前后、左右呈水平，整车支腿受力
	6	低压带电作业车操作人员将低压带电作业车可靠接地

续表

√	序号	内容
	7	带电作业应戴低压带电作业手套、绝缘安全帽（带防弧面屏）、穿防电弧服，并保持对地绝缘；遮蔽作业时动作幅度不得过大，防止造成相间、相对地放电；若存在相间短路风险应加装绝缘遮蔽（隔离）措施
	8	遮蔽应完整，遮蔽应有重叠，避免带电体暴露，作业时接触带电体形成回路，造成人身伤害
	9	电缆引线断开前，作业人员应首先控制引线并将引线固定，防止随意摆动
	10	断开空载电缆引线时，应按照"先相线、后零线"的顺序依次断开电缆引线
	11	断开电缆引线后，作业人员应及时对裸露的金属端头进行绝缘遮蔽，防止人员触电；电缆引线全部断开后，应对低压电缆进行逐相放电，放电后，方可拆除电缆端头的绝缘遮蔽
	12	正确使用个人防护用品，对安全带进行冲击试验，避免意外断裂造成高处坠落人员伤害
	13	地面人员不得在作业区下方逗留，避免造成高处落物伤害

四、工器具及材料

1. 专项作业个人防护用具、承载用具

作业项目涉及如下个人防护用具。详见表 5-66。

表 5-66　　　　　　　　作业项目涉及个人防护用具

√	序号	名称	单位	数量	图示	备注
	1	低压带电作业手套	副	1		1kV，具备绝缘、防弧、防刺穿功能
	2	双控背带式安全带	副	1		斗臂车用背部挂点，带缓冲绳

√	序号	名称	单位	数量	图示	备注
	3	安全帽（带防弧面罩）	顶	2		0.4kV 带电作业用，防电弧能力不小于 6.8cal/cm^2
	4	安全帽	顶	3		根据相关安全技术标准及现场实际情况选定标准型号
	6	防电弧服	套	1		防电弧能力不小于 6.8cal/cm^2

2. 0.4kV 专项作业特种车辆及绝缘工具

作业项目涉及如下绝缘工具。

表 5-67　　　　　　　作业项目涉及特种车辆及绝缘工具

√	序号	名称	单位	数量	图示	备注
	1	低压带电作业车	辆	1		0.4kV

√	序号	名称	单位	数量	图示	备注
	2	绝缘毯	块	若干		1kV
	3	绝缘毯夹	只	若干		根据相关安全技术标准及现场实际情况选定标准型号
	4	绝缘绳	根	1		1.5m，双绳环
	5	放电棒	根	1		1kV，300A，2m
	6	绝缘遮蔽罩	个	若干		0.4m
	7	绝缘末端套管	个	4	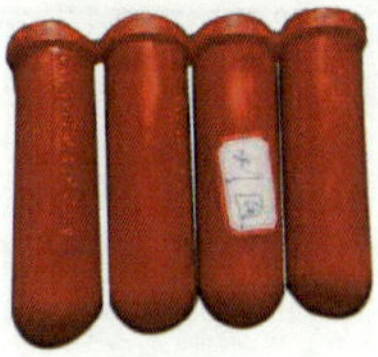	根据相关安全技术标准及现场实际情况选定标准型号

3. 辅助工具

表 5-68　　　　　　　　作业项目涉及辅助工具

√	序号	名称	单位	数量	图示	备注
	1	防潮苫布	块	1		根据相关安全技术标准及现场实际情况选定标准型号
	2	帆布桶	个	1		根据相关安全技术标准及现场实际情况选定标准型号
	3	低压带电作业手套充气装置	个	1		根据相关安全技术标准及现场实际情况选定标准型号
	4	个人手工绝缘工具	套	1		1kV

4. 其他工具及仪器仪表设备

表 5-69　　　　　作业项目涉及其他工具及仪器仪表设备示意

√	序号	名称	单位	数量	图示	备注
	1	围栏（网）、安全警示牌等	套	若干		根据相关安全技术标准及现场实际情况选定标准型号

续表

√	序号	名称	单位	数量	图示	备注
	2	低压声光验电器	支	1		0.4kV
	3	温湿度仪	台	1		根据相关安全技术标准及现场实际情况选定标准型号
	4	风速仪	台	1	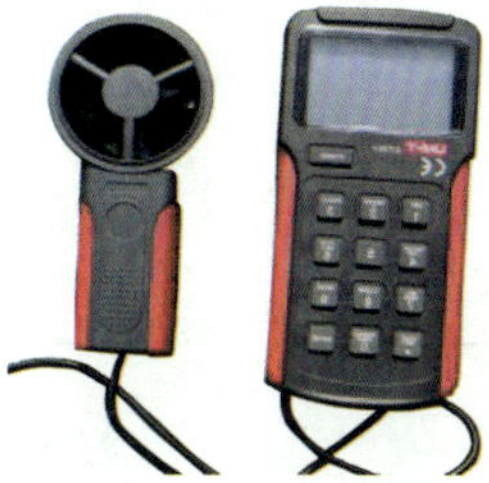	根据相关安全技术标准及现场实际情况选定标准型号
	5	钳形电流表	只	1	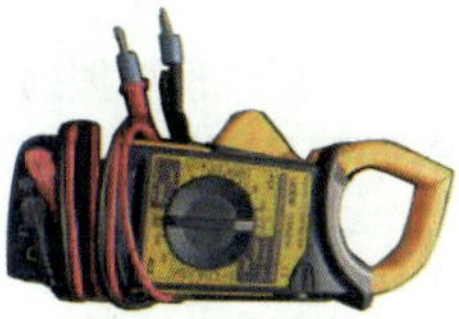	根据相关安全技术标准及现场实际情况选定标准型号

5. 所需材料

表 5-70　　　　　　　作业项目所需材料示意

√	序号	名称	单位	数量	图示	备注
	1	色带	个	若干		黄、绿、红、蓝

续表

√	序号	名称	单位	数量	图示	备注
	2	清洁干燥毛巾	条	2		根据相关安全技术标准及现场实际情况选定标准型号
	3	绝缘胶带	卷	4		根据相关安全技术标准及现场实际情况选定标准型号
	4	绝缘扎线	卷	1		根据相关安全技术标准及现场实际情况选定标准型号

五、作业程序

1. 现场复勘

表 5-71　　　　　　　　　　现场复勘工作内容示意

√	序号	内容
	1	工作负责人指挥工作人员核对工作线路双重名称、杆号
	2	工作负责人指挥工作人员检查地形环境是否符合作业要求： （1）杆身完好无裂纹； （2）埋深符合要求； （3）基础牢固； （4）周围无影响作业的障碍物
	3	工作负责人指挥工作人员检查线路装置是否具备带电作业条件。本项作业应检查确认的内容有： （1）缺陷严重程度； （2）是否具备带电作业条件； （3）作业范围内地面土壤坚实、平整，符合低压带电作业车安置条件
	4	线路装置是否具备带电作业条件
	5	工作负责人指挥工作人员检查气象条件： （1）天气应晴好，无雷、雨、雪、雾； （2）风力不大于 5 级； （3）相对湿度不大于 80%
	6	工作负责人指挥工作人员检查工作票所列安全措施，在工作票上补充安全措施

2. 操作步骤

2.1 开工

2.1.1 执行工作许可制度

（1）工作负责人按工作票内容与设备运维管理单位联系，获得设备运维管理单位工作许可。

（2）工作负责人在工作票上签字，并记录许可时间。

2.1.2 召开班前会

（1）工作负责人向设备运维管理单位履行许可手续

（2）工作负责人召开班前会，进行"三交三查"

1）工作负责人要向全体工作班成员告知工作任务和保留带电部位，交代危险点及安全注意事项。

2）工作班成员确已知晓后，在工作票上签字确认

（3）工作负责人发布开工令，如图 5–165 所示。

图 5–165　工作负责人召开班前会示意

2.1.3 停放低压带电作业车

（1）车辆驾驶员将低压带电作业车停放到合适的位置：

1）停放的位置应便于低压带电作业车绝缘斗到达作业位置，避开邻近电力线和障碍物；

2）停放位置坡度不大于 7°，低压带电作业车宜顺线路停放，如图 5–166 所示。

（2）车辆操作人员支放低压带电作业车支腿，作业人员对支腿情况进行检查，向工作负责人汇报检查结果。检查标准为：

1）应支放在平坦稳定的地面上，不应支放在沟道盖板上。

2）软土地面应使用垫块或枕木，垫板重叠不超过 2 块。

3）支撑应到位。车辆前后、左右呈水平；支腿应全部伸出，整车支腿受力，如图 5–167 所示。

图 5-166 按要求停放作业车辆示意

图 5-167 作业车按要求支放支腿示意

（3）车辆操作人员将低压带电作业车可靠接地。

2.1.4 布置工作现场

（1）在工作地点四周设置围栏，如图 5-168 所示。

图 5-168 设置安全围栏示意

需注意以下几点：

1）警示标示应包括"从此进出""在此工作"等，道路两侧应有"车辆慢行"或"车辆绕行"标示或路障，如图5-169所示。

图5-169 设置安全警示标示示意

2）禁止作业人员擅自移动或拆除围栏、标示牌。

（2）班组成员按要求将绝缘工器具放在防潮苫布上：

1）防潮苫布应清洁、干燥；

2）工器具应按定置管理要求分类摆放，绝缘工器具不能与金属工具、材料混放，如图5-170所示。

图5-170 按要求分类示意

2.2 检查

2.2.1 检查绝缘工器具

班组成员使用清洁干燥毛巾逐件对绝缘工器具进行擦拭并进行外观检查，如图5-171所示。

图 5-171　班组成员使用清洁干燥毛巾擦拭绝缘工器具示意

检查时需注意：

1）检查人员应戴清洁、干燥的手套；

2）绝缘工具表面不应磨损、变形损坏，操作应灵活，如图 5-172 所示。

图 5-172　绝缘工具检查示意

3）个人安全防护用具和遮蔽、隔离用具应无针孔、砂眼、裂纹，如图 5-173 所示。

图 5-173　对绝缘手套进行检查示意

4）绝缘工器具检查完毕，向工作负责人汇报检查结果。

2.2.2　检查低压带电作业车

（1）斗内电工检查低压带电作业车表面状况：绝缘斗应清洁、无裂纹损伤，如图 5 − 174 所示。

图 5 − 174　斗内电工检查低压带电作业车表面状况及擦拭挂斗示意

（2）试操作低压带电作业车：

1）试操作应空斗进行；

2）试操作应充分，有回转、升降、伸缩的过程。确认液压、机械、电气系统正常可靠、制动装置可靠，如图 5 − 175 所示。

图 5 − 175　空斗试车示意

2）低压带电作业车检查和试操作完毕，斗内电工向工作负责人汇报检查结果。

2.2.3　穿戴个人安全防护用品

个人安全防护用品外观检查及冲击试验满足现场工作需要：作业人员穿戴全套个人安全防护用品（包括安全带、低压带电作业手套、全身防电弧服、安全帽、防弧面屏等防护用品），如图 5 − 176 所示。

需要注意以下几点：

（1）防电弧服防护能力应不低于 6.8cal/cm^2；

（2）防电弧服上下装之间应有重叠；

图 5-176　正确穿戴个人安全防护用品示意

（3）防电弧服与防电弧手套之间应有重叠。

2.3　作业施工

2.3.1　斗内电工进入绝缘斗

（1）斗内电工穿戴好个人防护用具进入绝缘斗。工作负责人应检查斗内电工防护用具的穿戴是否正确，如图 5-177 所示。

图 5-177　斗内电工进入绝缘斗示意

（2）斗内电工进入绝缘斗，地面电工配合传递工器具，如图 5-178 所示。

图 5-178　地面电工配合传递工器具示意

需注意以下几点：

1）工器具应分类放置工具袋中；

2）工器具的金属部分不准超出绝缘斗边缘面；

3）工具和人员重量不得超过绝缘斗额定载荷。

（3）斗内电工将安全带系挂在斗内专用挂钩上，如图 5-179 所示。

图 5-179 斗内电工将安全带系挂在斗内专用挂钩上示意

2.3.2 作业人员到达作业位置

（1）斗内电工经工作负责人许可后，进入带电作业区域，如图 5-180 所示。

图 5-180 作业人员到达作业位置示意

（2）再次确认线路状态，满足作业条件；绝缘斗移动应平稳匀速，在进入带电作业区域时应无大幅晃动，绝缘斗上升、下降、平移的最大线速度不应超过0.5m/s。

2.3.3 验电

斗内电工使用低压验电器确认作业现场无漏电现象。在工频信号发生器或带电导线上检验验电器是否完好，如图 5-181 所示。

图 5-181　验电工作示意

需要注意以下几点：

（1）验电时作业人员应与带电导体保持安全距离，作业人员依次对导线、耐张线夹、电缆引线等进行验电，验电顺序应由近及远，验电时应戴低压带电作业手套；

（2）检验作业现场接地构件有无漏电现象，确认无漏电现象，验电结果汇报工作负责人。

2.3.4　电缆引线测流

依次逐相测量电缆电流，确认引线确无负荷电流，如图 5-182 所示。

图 5-182　电缆引流测流示意

注意，测量电缆电流选择适当挡位。

2.3.5　绝缘遮蔽隔离

（1）依次对导线、耐张线夹进行绝缘遮蔽，如图 5-183 所示。

需注意以下几点：① 斗内电工在对导线设置绝缘遮蔽隔离措施时，动作应轻缓，与接地构件间应有足够的安全距离，与邻相导线之间应有足够安全距离；

图 5-183 绝缘遮蔽隔离措施示意

② 作业过程严禁线路发生接地或短路；③ 遮蔽顺序以先近后远、先大后小顺序进行，绝缘遮蔽用具搭接应有重叠。

（2）对电缆引线进行固定：对电缆引线使用绝缘绳进行固定。

2.3.6 断开电缆引线

固定电缆引线后，从主导线处断开电缆引线，并拆除线夹，绝缘化处理，如图5-184 所示。

图 5-184 断开电缆引线操作示意

需要注意以下几点：

（1）使用绝缘绳套固定电缆引线，防止电缆引线断开过程摆动及脱落。

（2）使用绝缘工具从导线侧拆除电缆引线，取下线夹并对主导线进行绝缘处理。

（3）对电缆引线裸露断开点安装绝缘末端套管。

（4）断开引线严格遵循"先相线后零线"的顺序，依次进行。

2.3.7 电缆引线放电

在工作负责人监护下，使用放电棒逐相对低压电缆进行放电，如图5-185 所示。

图 5－185　对电缆引线放电示意

放电棒接地极应连接可靠，若选用临时接地极，地线钎深度应不小于 600mm，如图 5－186 所示。

图 5－186　选用临时接地极示意

2.3.8　将断开电缆固定

逐相拆除绝缘固定绳，使用绝缘扎线绑扎固定或拆除电缆引线，如图 5－187 所示。

图 5－187　使用绝缘扎线绑扎固定电缆引线示意

2.3.9　拆除绝缘遮蔽

依次对导线耐张线夹拆除绝缘遮蔽，如图 5－188 所示。

图 5-188　拆除绝缘遮蔽示意

需要注意以下几点：

1）斗内电工在对导线拆除绝缘遮蔽措施时，动作应轻缓，与接地构件间应有足够安全距离，与邻相导线之间应有足够的安全距离；

2）拆除遮蔽顺序以先远后近、先小后大顺序进行。

2.3.10　撤离作业面

（1）斗内电工清理工作现场，杆上、线上无遗留物，向工作负责人汇报。

（2）工作负责人应进行全面检查安装质量，符合运行条件，确认工作完成无误后，向工作许可人汇报。

（3）低压带电作业车收回，如图 5-189 所示。

图 5-189　低压带电作业车收回示意

2.4　施工质量检查

现场工作负责人全面检查作业质量，无遗漏的工具、材料等。

2.5　完工

现场工作负责人全面检查工作完成情况。

六、工作结束

表 5-72　　　　　　　工作结束后收尾工作细节示意

✓	序号	作业内容
	1	清理工具及现场： 1）收回工器具、材料，摆放在防潮苫布上。 2）工作负责人全面检查工作完成情况，清点整理工具、材料，将工器具清洁后放入专用的箱（袋）中，组织班组成员认真检查现场无遗留物，无误后撤离现场，做到"工完料尽场地清"
	2	办理工作终结手续：工作负责人向设备运维管理单位（工作许可人）汇报工作结束，终结工作票
	3	召开收工会：工作负责人组织召开现场收工会，做工作总结和点评工作： 1）正确点评本项工作的施工质量； 2）点评班组成员在作业中的安全措施的落实情况； 3）点评班组成员对规程的执行情况
	4	作业人员撤离现场

第七节　0.4kV 低压配电柜（房）带电加装智能融合终端

一、适用范围

本作业方法适用于 0.4kV 低压配电柜（房）带电加装智能融合终端作业。图 5-190 为本项作业的标准化作业现场。

图 5-190　标准化作业现场示意

二、规范性引用文件

1. GB 17622 带电作业用绝缘手套通用技术条件
2. GB/T 18037 带电作业工具基本技术要求与设计导则
3. GB/T 14286 带电作业工具设备术语
4. GB/T 2900.55 电工术语、带电作业
5. GB/T 18857 配电线路带电作业技术导则
6. DL/T 320 个人电弧防护用品通用技术要求
7. DL/T 878 带电作业用绝缘工具试验导则
8. Q/GDW 10799.8 国家电网有限公司电力安全工作规程 第八部分：配电部分
9. Q/GDW 12218 低压交流配网不停电技术导则
10. Q/GDW 1519 配网运维规程
11. Q/GDW 10520 10kV 配网不停电作业规范
12. Q/GDW 745 配网设备缺陷分类标准
13. Q/GDW 11261 配网检修规程

三、作业前准备

1. 现场勘察

表 5-73　　　　　　　　　　现场勘察工作细节示意

√	序号	内容	标准	备注
	1	现场勘察	现场工作负责人应提前组织有关人员进行现场勘察，根据勘察结果做出能否进行不停电作业的判断，并确定作业方法及应采取的安全技术措施。 （1）现场勘察包括下列内容：作业现场条件是否满足施工要求，以及存在的作业危险点等。 （2）线路装置是否具备带电作业条件。本项作业应检查确认的内容有： 1）带电体与安装位置之间的安全距离； 2）绝缘遮蔽工具尺寸是否满足现场要求 （3）工作负责人指挥工作人员检查工作票所列安全措施，在工作票上补充安全措施	
	2	编写作业指导书	工作负责人根据现场勘察情况编写作业指导书	
	3	了解现场气象条件	了解现场气象条件，判断是否符合带电作业要求： （1）天气晴好，无雷、无雨、无雪、无雾； （2）风力不大于 5 级； （3）相对湿度不大于 80%	
	4	组织现场作业人员学习作业指导书	掌握整个操作程序，理解工作任务及操作中的危险点及控制措施	

续表

✓	序号	内容	标准	备注
	5	开工前一天准备好带电作业所需工器具及材料	所有工器具准备齐全,满足作业项目需要;安全工器具及辅助工具应试验合格;绝缘工器具应检查外观完好无损,标签的试验日期应在定检时间范围内	
	6	填写工作票并签发	按要求填写配电带电作业工作票,安全措施应符合现场实际,工作票应提前一天签发	

2. 现场作业人员的基本要求

表 5-74　　　　　　　现场作业人员的基本要求示意

✓	序号	内容	备注
	1	作业人员应身体状况良好,情绪稳定,精神集中	
	2	作业人员应具备必要的电气知识,熟悉配电线路带电作业规范	
	3	作业人员经培训合格,取得相应作业资质,并熟练掌握配电线路带电作业方法及技术	
	4	作业人员必须掌握《国家电网有限公司电力安全工作规程　第八部分:配电部分》相关知识,并经考试合格	
	5	作业人员应掌握紧急救护法,特别要掌握触电急救方法	
	6	作业人员应两穿一戴,个人工具和劳保防护用品应合格齐备	

3. 作业人员分工

表 5-75　　　　　　　作 业 人 员 分 工 示 意

✓	序号	人员分工	工作内容	人数
	1	工作负责人	全面负责现场作业,交代工作任务、安全措施和技术措施,履行监护职责,监护作业人员安全	1 人
	2	1 号电工	负责安装作业	1 人
	3	2 号电工	负责安装作业,协助 1 号电工作业	1 人

4. 危险点分析

表 5-76　　　　　　　危 险 点 分 析 示 意

✓	序号	内容
	1	工作负责人监护不到位,使作业人员失去监护
	2	进入现场,对带电体与非带电体进行标识、区分

续表

√	序号	内容
	3	确定施工现场全部设备接地正确、接地良好，并进行全面检查
	4	遮蔽作业时动作幅度过大，接触带电体形成回路，造成人身伤害
	5	遮蔽不完整，留有漏洞、带电体暴露，作业时接触带电体形成回路，造成人身伤害
	6	工作中，所有工器具必须绝缘化处理，工作外层为绝缘材质
	7	带电作业人员穿戴防护用具不规范，造成触电伤害
	8	工作完毕，检查接入回路是否正确，相关信号采集是否对应
	9	未设置防护措施及安全围栏、警示带，发生行人车辆进入作业现场，造成危害发生
	10	操作不当，产生电弧，对人体造成弧光烧伤

5. 安全注意事项

表 5-77　　　　　　　　　　安全注意事项内容示意

√	序号	内容
	1	作业现场应有专人负责指挥施工，做好现场的组织、协调工作。作业人员应听从工作负责人指挥。工作负责人应履行监护职责，要选择便于监护的位置，监护的范围不得超过一个作业点
	2	作业现场及工具摆放位置周围应设置安全围栏、警示标志，防止行人及其他车辆进入作业现场，必要时应派专人守护
	3	低压电气带电作业应戴 0.4kV 带电作业手套、防护面罩、穿防电弧服，并保持对地绝缘；遮蔽作业时动作幅度不得过大，防止造成相间、相对地放电；若存在相间短路风险应加装绝缘遮蔽（隔离）措施
	4	遮蔽应完整，遮蔽应有重叠，避免留有漏洞、带电体暴露，作业时接触带电体形成回路，造成人身伤害
	5	作业前确认柜体无漏电，低压电气工作前，应用低压验电器或测电笔检验检修设备、金属外壳、相邻设备是否有电

四、工器具及材料

1. 专项作业个人防护用具、承载用具
作业项目涉及如下个人防护用具。

2. 0.4kV 专项作业绝缘工具
作业项目涉及如下绝缘工具。

表 5-78 作业项目涉及个人防护用具

√	序号	名称	单位	数量	图示	备注
	1	低压带电作业手套	副	1	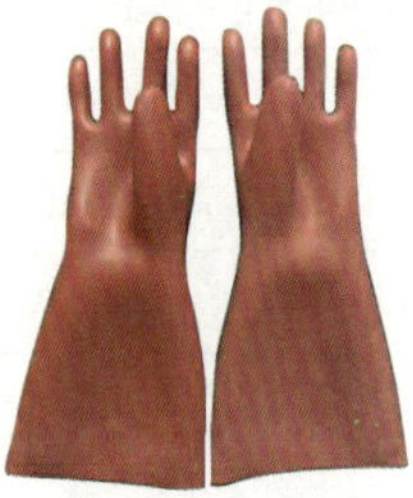	GCA—41；≮ 6.8cal/cm², 0.4kV
	2	绝缘靴	双	2	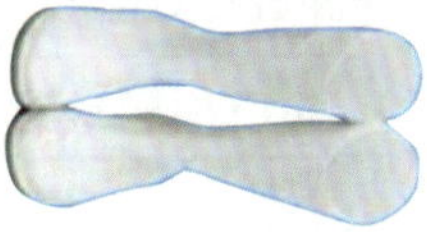	根据相关安全技术标准及现场实际情况选定标准型号
	3	安全帽	顶	3		根据相关安全技术标准及现场实际情况选定标准型号
	4	防电弧服	套	1		防电弧能力不小于 6.8cal/cm²
	5	一体式绝缘防电弧安全头盔	副	2	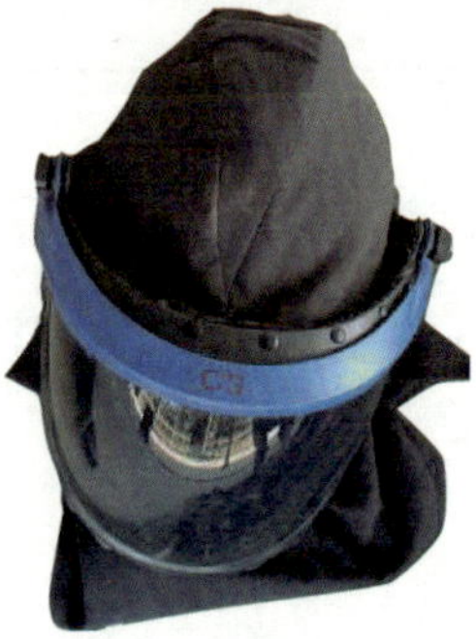	配电柜等封闭空间作业应为作业人员配备不小于 27.0cal/cm²

表 5-79   作业项目涉及特种车辆及绝缘工具

√	序号	名称	单位	数量	图示	备注
	1	绝缘毯	块	若干		0.4kV
	2	绝缘终端套管堵头	块	4	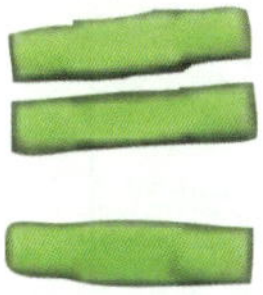	0.4kV
	3	绝缘凳	个	1		0.4kV
	4	绝缘尖嘴钳	个	1		根据相关安全技术标准及现场实际情况选定标准型号
	5	绝缘斜口钳	把	1	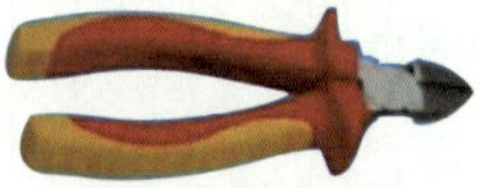	根据相关安全技术标准及现场实际情况选定标准型号
	6	绝缘套筒	把	1		根据相关安全技术标准及现场实际情况选定标准型号
	7	绝缘螺丝刀	把	1		根据相关安全技术标准及现场实际情况选定标准型号

3. 辅助工具

表 5-80　　　　　　　　　　作业项目涉及辅助工具

√	序号	名称	单位	数量	图示	备注
	1	防潮垫或毡布	块	若干		根据相关安全技术标准及现场实际情况选定标准型号
	3	清洁干燥毛巾	条	1		擦拭绝缘工具

4. 其他工具及仪器仪表设备

表 5-81　　　　　　作业项目涉及其他工具及仪器仪表设备示意

√	序号	名称	单位	数量	图示	备注
	1	低压声光验电器	支	1		0.4kV
	2	工频信号发生器	支	1		0.4kV
	3	围栏（网）、安全警示牌等	若干	若干		根据相关安全技术标准及现场实际情况选定标准型号
	4	温湿度计	支	1		根据相关安全技术标准及现场实际情况选定标准型号

续表

√	序号	名称	单位	数量	图示	备注
	5	万用表	块	1	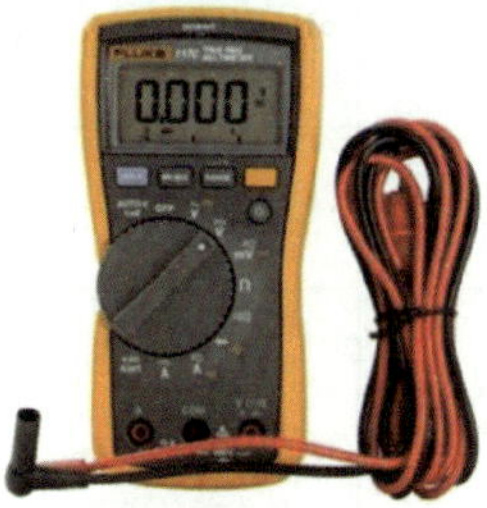	根据相关安全技术标准及现场实际情况选定标准型号
	6	钳型电流表	块	1		根据相关安全技术标准及现场实际情况选定标准型号
	7	绝缘手套充气仪	个	1		根据相关安全技术标准及现场实际情况选定标准型号

5. 所需材料

表5-82　　　　　　　　作业项目所需材料示意

√	序号	名称	单位	数量	图示	备注
	1	电流互感器	支	6		变比600/5、变比300/5各3支
	2	智能融合终端	套	1	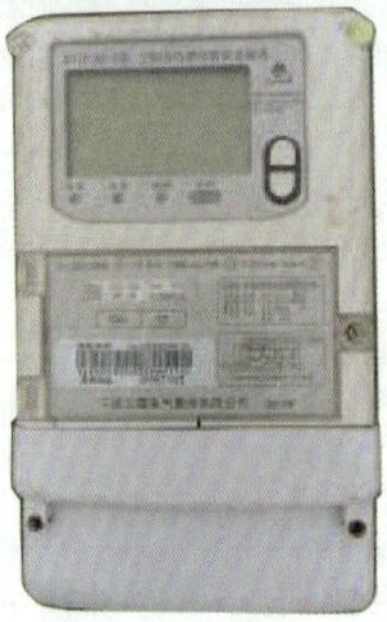	根据相关安全技术标准及现场实际情况选定标准型号

续表

√	序号	名称	单位	数量	图示	备注
	3	端子排	个	若干	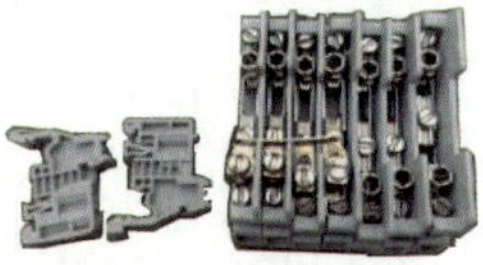	根据相关安全技术标准及现场实际情况选定标准型号
	4	微型空气开关	个	若干	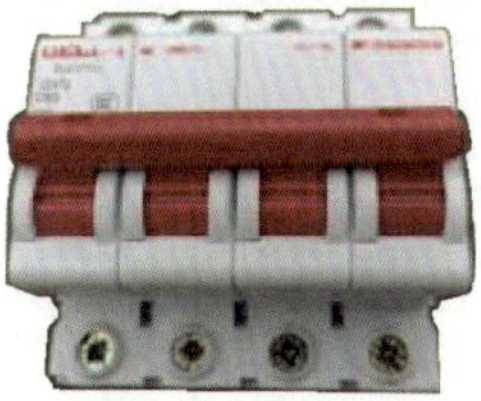	根据相关安全技术标准及现场实际情况选定标准型号
	5	塑铜线	个	若干		根据相关安全技术标准及现场实际情况选定标准型号
	6	扎带	条	若干	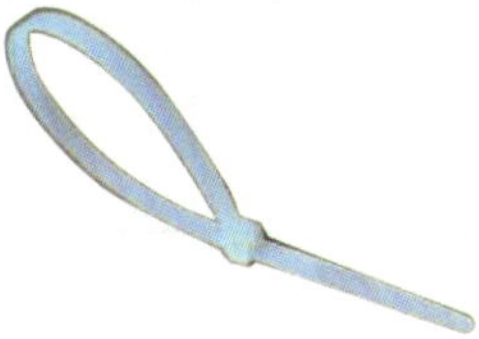	根据相关安全技术标准及现场实际情况选定标准型号

五、作业程序

1. 现场复勘

表 5-83   现场复勘工作内容示意

√	序号	内容
	1	工作负责人指挥工作人员核对工作票中工作任务与现场设备双重名称一致
	2	工作负责人指挥工作人员确认配电柜是否满足带电作业条件。本项作业应检查确认的内容有： (1) 带电体与安装位置之间的安全距离； (2) 绝缘遮蔽工具尺寸是否满足现场要求
	3	工作负责人检查气象条件： (1) 天气应晴好，无雷、无雨、无雪、无雾； (2) 风力不大于 5 级； (3) 相对湿度不大于 80%
	4	工作负责人指挥工作人员检查工作票所列安全措施，工作负责人在工作票上补充安全措施

2. 操作步骤

2.1 开工

2.1.1 在工作地点四周设置围栏及警示牌

（1）警示标志齐全，不少于2块："在此工作""从此进出"；

（2）禁止作业人员擅自移动或拆除围栏、标示牌，如图5-191所示。

图5-191 在工作地点四周设置围栏及警示牌

2.1.2 摆放工器具

班组成员按要求将绝缘工器具放在防潮苫布上：

（1）防潮苫布应清洁、干燥；

（2）工器具应按定置管理要求分类摆放；

（3）绝缘工器具不能与金属工具、材料混放，如图5-192所示。

图5-192 按要求摆放工器具示意

2.1.3　履行许可手续

办理许可手续工作负责人向设备运维单位申请许可工作。汇报内容为工作负责人姓名、工作地点（配电室及低压配电柜名称）、工作任务、计划工作时间，完毕后工作负责人在工作票上记录许可时间并签名，如图 5–193 所示。

图 5–193　履行许可手续示意

2.1.4　召开班前会

（1）工作负责人要向全体工作班成员告知工作任务和保留带电部位，交代危险点及安全注意事项；

（2）工作班成员确已知晓后，在工作票上签字确认，如图 5–194 所示。

图 5–194　工作负责人召开班前会示意

2.2　检查

班组成员使用清洁干燥毛巾逐件对绝缘工器具进行擦拭并进行外观检查：

（1）检查人员应戴清洁、干燥的手套，如图 5–195 所示。

图 5-195 班组成员进行外观检查示意

（2）绝缘工具表面不应磨损、变形损坏，操作应灵活，如图 5-196 所示。

图 5-196 对绝缘工具进行灵活性检验示意

（3）个人安全防护用具和遮蔽、隔离用具应无针孔、砂眼、裂纹，如图 5-197 所示。

图 5-197 个人安全防护用具检测示意

（4）智能融合终端外观检查完好，符合安装条件，如图 5-198 所示。

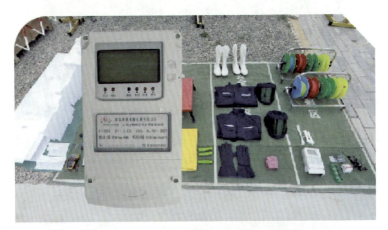

图 5-198　智能融合终端外观检查示意

（5）绝缘工器具检查完毕，向工作负责人汇报检查结果。

2.3　作业施工

2.3.1　制作各元器件之间二次导线线束

（1）制作智能融合终端与联合接线盒之间二次导线线束：分色选取 4 根 2.5mm²、6 根 4mm² 的适当长度的二次导线，整理成线束，整理时根据安装位置调整相序，并将线型整理美观整齐，便于查找，如图 5-199 所示。

图 5-199　制作二次导线线束示意

（2）制作联合接线盒与微型空气开关、端子排之间二次导线线束：分色选取 4 根 2.5mm²、6 根 4mm² 的适当长度的二次导线，整理成线束，，整理时根据安装位置调整相序，并将线型整理美观整齐，便于查找，如图 5-200 所示。

图 5-200 制作线束细节展示

（3）制作微型空气开关、端子排与电流互感器、母排、接地铜排之间二次导线线束：分色选取 4 根 2.5mm^2、7 根 4mm^2 的适当长度的二次导线，整理成线束，如图 5-201 所示。

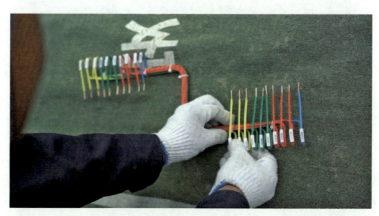

图 5-201 制作微型空气开关、端子排与电流互感器、母排、接地铜排之间二次导线线束示意

2.3.2 验电

1 号电工使用验电器确认作业现场无漏电现象：

（1）作业人员在带电设备上或利用工频发声器检验验电器是否完好。

（2）主操作电工检查柜前、柜后绝缘垫，绝缘垫应齐全完整。

（3）对柜体进行验电，确认无漏电现象。

（4）打开柜门，检查柜体保护接地线应完整、接地良好。

（5）对母排逐相验电，如图 5-202 所示。

图 5-202　按要求进行验电操作示意

2.3.3　在仪器仪表室安装元器件

打开配电柜仪器仪表室门板，如图 5-203 所示。

图 5-203　验电后作业人员打开仪表室门板示意

安装智能融合终端并插入模块及 SIM 卡、联合接线盒，在端子排支架上安装微型空气开关和接线端子，对照接线图，对端子进行编号，如图 5-204、图 5-205 所示。

图 5-204　安装联合接线盒示意

图 5-205　安装微型空气开关及接线端子示意

应注意：各元器件安装位置正确，安装牢固，联合接线盒电压连接片的开口应朝上。

2.3.4　按照接线图，正确连接各元器件

（1）连接智能融合终端与联合接线盒的二次导线线束，如图 5-206 所示。

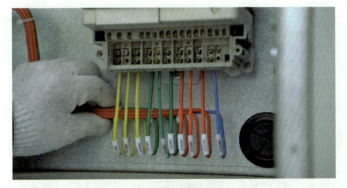

图 5-206　连接智能融合终端与联合接线盒的二次导线线束示意

（2）安装智能融合终端 4G、北斗天线，如图 5-207 所示。

图 5-207　安装智能融合终端 4G、北斗天线示意

（3）盖上智能融合终端盖板，如图5-208所示。

图5-208 盖上智能融合终端盖板示意

（4）连接联合接线盒与微型空气开关、接线端子的二次导线线束，如图5-209所示。

图5-209 连接联合接线盒与微型空气开关、接线端子的二次导线线束

应注意：天线的中间线应放置妥当，过长时应捆扎并固定，穿过柜门时不能因太紧而压坏天线。联合接线盒的连线采用"下进线、上出线"的方式。

2.3.5 穿戴个人防护用具

正式带电作业前，需正确穿戴个人防护用具，如图5-210所示。

个人安全防护用品满足现场工作需要：

（1）主操作电工、辅助电工在工作时，应穿戴一体式绝缘防电弧安全头盔和防电弧服；

（2）主操作电工、辅助电工工作时，防电弧服防护能力应不低于27.0cal/cm²，如图5-210所示。

图 5-210 正确穿戴个人防护用具准备带电作业示意

2.3.6 进入带电作业区域

经工作负责人许可后，主操作电工、辅助电工进入配电柜带电区域，并放置绝缘凳。

2.3.7 二次验电

作业人员使用验电器确认作业现场无漏电现象，如图 5-211 所示。

图 5-211 二次验电工作示意

需要注意以下几点：

（1）作业电工对柜体进行验电，确认无漏电现象；

（2）打开柜门，检查柜体接地应完整，接地良好；

（3）需对母排验电，如图 5-212 所示。

图 5-212　对母排进行验电操作示意

2.3.8　进线柜设置绝缘隔离

获得工作负责人许可后，作业人员按照"先带电体、后接地体"的原则对进线柜内带电部位及柜体依次进行绝缘隔离，如图 5-213 所示。

图 5-213　进线柜设置绝缘隔离措施示意

2.3.9　切换联合接线盒内短接片

断开联合接线盒内电压短接片（断开联合接线盒内电压短接片时先断相线后断零线），合上联合接线盒内电流短接片，如图 5-214 所示。

图 5-214 切换联合接线盒内短接片示意

2.3.10 安装电压、电流取电回路

获得工作负责人的许可后：

（1）将线束末端套上绝缘终端套管堵头后，穿过仪器仪表室背板安装孔，固定在柜体上，如图 5-215 所示。

图 5-215 将线束末端套上绝缘终端套管堵头示意

（2）确认微型空气开关在断开位置，如图 5-216 所示。

（3）按照相色标志将 4 根电压线接至微型空气开关，如图 5-216 所示。

图 5-216 微型空气开关在断开位置及接线示意

（4）将 6 根电流线接至端子排（4XT－30···4XT－35），如图 5－217 所示。

图 5－217　电流线就位示意

（5）将 1 根接地线接至端子排端子（4XT－36）。

（6）将接地线接至配电柜内接地铜排上。

（7）将电压线接至断路器电源侧母排螺栓上。顺序为 N、C、B、A，如图 5－218 所示。

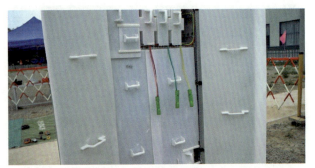

图 5－218　电压接至断路器电源侧母排螺栓上示意

（8）连接开口式电流互感器 S1、S2 接线，对互感器进行封印、记录封印号，如图 5－219 所示。

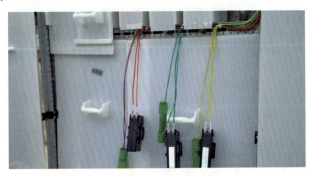

图 5－219　电流互感器封印示意

（9）将互感器固定在断路器电源侧母排上，一相安装完成后及时恢复绝缘遮蔽，如图 5-220 所示。

图 5-220　将互感器固定在断路器电源侧母排上示意

应注意：

安装电流互感器时应注意方向，确保同名端位置的正确性。

禁止安装电流互感器时二次侧开路。

安装互感器及电压线时应使用全绝缘工具，并做好绝缘防护，防止相间短路。

2.3.11　切换联合接线盒内短接片

获得工作负责人的许可后，按照 N、C、B、A 的顺序合上电压短接片、断开电流短接片后盖上联合接线盒盖板，如图 5-221 所示。

图 5-221　切换联合接线盒内短接片示意

2.3.12　智能融合终端投入运行

检查二次回路接线是否正确，获得工作负责人许可后，合上微型空气开关，如图 5-222 所示。

图 5-222　投入运行的智能融合终端示意

2.3.13　检查智能融合终端指示灯

（1）检查智能融合终端电源灯、指示灯、4G 模块等亮灯工况信息。

（2）检查 PWR、2G\3G、WAN 指示灯在正常状态。

2.3.14　封印

检查智能融合终端运行正常后，对智能融合终端、联合接线盒等加封封印，记录封印编号。关闭柜门再次封印，如图 5-223 所示。

图 5-223　关闭柜门封印效果示意

2.3.15　拆除绝缘隔离装置

获得工作负责人许可后，作业人员按照"由远到近，先接地体后带电体"的原则对进线柜的绝缘遮蔽进行拆除，如图 5-224 所示。

2.3.16　撤离作业现场

作业人员拆除绝缘遮蔽后检查柜内有无遗留物，关闭柜门，对配电柜柜门进行封印并记录封印编号后撤离现场。

2.4　施工质量检查

现场工作负责人全面检查作业质量，无遗漏的工具、材料等。

图 5-224　拆除绝缘隔离装置示意

2.5　完工

现场工作负责人全面检查工作完成情况。

六、工作结束

表 5-84　　　　　　工作结束后收尾工作细节示意

√	序号	作业内容
	1	清理工具及现场： （1）收回工器具、材料，摆放在防雨苫布上。 （2）工作负责人全面检查工作完成情况，清点整理工具、材料，将工器具清洁后放入专用的箱（袋）中，组织班组成员认真检查现场无遗留物，无误后撤离现场，做到"工完料尽场地清"
	2	办理工作终结手续：工作负责人向设备运维管理单位（工作许可人）汇报工作结束，终结工作票
	3	召开收工会：工作负责人组织召开现场收工会，做工作总结和点评工作： （1）正确点评本项工作的施工质量； （2）点评班组成员在作业中的安全措施的落实情况； （3）点评班组成员对规程的执行情况
	4	作业人员撤离现场

第八节　0.4kV 带电更换配电柜电容器

一、适用范围

本作业方法适用于 0.4kV 绝缘手套作业法配电柜（房）不停电作业带电更换配电柜电容器作业指导书，适用于低压带电作业车 0.4kV 绝缘手套作业法配电柜（房）不停电作业带电更换配电柜电容器作业。

图 5-225　0.4kV 带电更换配电柜电容器标准化作业现场示意

二、规范性引用文件

1. GB 17622　带电作业用绝缘手套通用技术条件
2. GB/T 18037　带电作业工具基本技术要求与设计导则
3. GB/T 14286　带电作业工具设备术语
4. GB/T 2900.55　电工术语、带电作业
5. GB/T 18857　配电线路带电作业技术导则
6. DL/T 320　个人电弧防护用品通用技术要求
7. DL/T 878　带电作业用绝缘工具试验导则
8. Q/GDW 10799.8 国家电网有限公司电力安全工作规程　第八部分：配电部分
9. Q/GDW 12218 低压交流配网不停电技术导则
10. Q/GDW 1519 配网运维规程
11. Q/GDW 10520 10kV 配网不停电作业规范
12. Q/GDW 745 配网设备缺陷分类标准
13. Q/GDW 11261 配网检修规程

三、作业前准备

1. 现场勘察

表 5-85　　　　　　　　　现场勘察工作细节示意

√	序号	内容	标准	备注
	1	现场勘察	（1）现场工作负责人应提前组织有关人员进行现场勘察，根据勘察结果做出能否进行带电作业的判断，并确定作业方法及应采取的安全技术措施。	

√	序号	内容	标准	备注
	1	现场勘察	（2）现场勘察包括下列内容：作业现场条件是否满足作业要求，以及存在的作业危险点等。 （3）工作负责人指挥工作人员检查工作票所列安全措施，在工作票上补充安全措施	
	2	检查电容器外观，核对铭牌信息	（1）检查电容器外观良好。 （2）检查电容器型号、规格、额定容量、额定电压、额定电流、频率、连接方式、绝缘水平、温度类别等参数符合要求	
	3	组织现场作业人员学习作业指导书	掌握整个操作程序，理解工作任务及操作中的危险点及控制措施	
	4	填写工作票并签发	按要求填写配电带电作业工作票，安全措施应符合现场实际，工作票应提前一天签发	

2. 现场作业人员的基本要求

表 5-86　　　　　　　　现场作业人员的基本要求示意

√	序号	内容	备注
	1	作业人员应身体状况良好，情绪稳定，精神集中	
	2	作业人员应具备必要的电气知识，熟悉配电线路带电作业规范	
	3	作业人员经培训合格，取得相应作业资质，并熟练掌握配电线路带电作业方法及技术	
	4	作业人员必须掌握《国家电网有限公司电力安全工作规程　第八部分：配电部分》相关知识，并经考试合格	
	5	作业人员应掌握紧急救护法，特别要掌握触电急救方法	
	6	作业人员应两穿一戴，个人工具和劳保防护用品应合格齐备	

3. 作业人员分工

表 5-87　　　　　　作 业 人 员 分 工 示 意

√	序号	人员分工	工作内容	人数
	1	工作负责人	负责交代工作任务、安全措施和技术措施，履行监护职责	1人
	2	带电作业电工	负责更换配电柜电容器作业	1人
	3	辅助电工	负责配合传递工器具材料，配合带电作业电工绝缘遮蔽等工作	1人
	4	专责监护人（可由工作负责人兼任）	监护作业点	1人

4. 危险点分析

表 5-88   危 险 点 分 析 示 意

√	序号	内容
	1	工作监护人监护不到位，使作业人员失去监护
	2	作业现场混乱，安全措施不齐全
	3	作业人员进入现场，未能正确使用个人安全防护用具
	4	配电电容柜外壳等有漏电，作业人员存在发生麻电、触电、电弧灼伤等意外风险
	5	作业过程中使用不合格的绝缘工具
	6	带电部位未完全绝缘隔离、遮蔽，引起安全事故
	7	待更换电容器的电源未断开
	8	电容器更换前，未进行逐相充分放电
	9	运行的电容器失去接地保护

5. 安全注意事项

表 5-89   安全注意事项内容示意

√	序号	内容
	1	工作监护人应履行监护职责，要选择便于监护的位置，监护的范围不得超过一个作业点
	2	作业现场及工具摆放位置周围应设置安全围栏、标示牌，防止其他人员进入作业现场
	3	进入工作现场，应穿戴好个人安全防护用具
	4	作业前，应用低压验电笔验明配电柜外壳无漏电
	5	作业过程中应使用绝缘工具
	6	作业中邻近不同相导线或金具时，应采取绝缘隔离、遮蔽措施防止相间短路或单相接地
	7	更换电容器前，应断开电容器的空气开关，并对电容器进行逐相充分放电
	8	拆除待更换的电容器前，保证其他运行的电容器接地良好

四、工器具及材料

领用带电作业工器具应核对电压等级和试验周期，并检查外观及试验标签完好无损。

工器具在运输过程中，应存放在专用工具袋、工具箱或工具车内，以防受潮和损伤。

1. 专项作业个人防护用具、承载用具

0.4kV 带电更换配电柜电容器作业项目涉及如下个人防护用具。

表 5-90　　　　　　　　　作业项目涉及个人防护用具

√	序号	名称	单位	数量	图示	备注
	1	低压带电作业手套	副	1	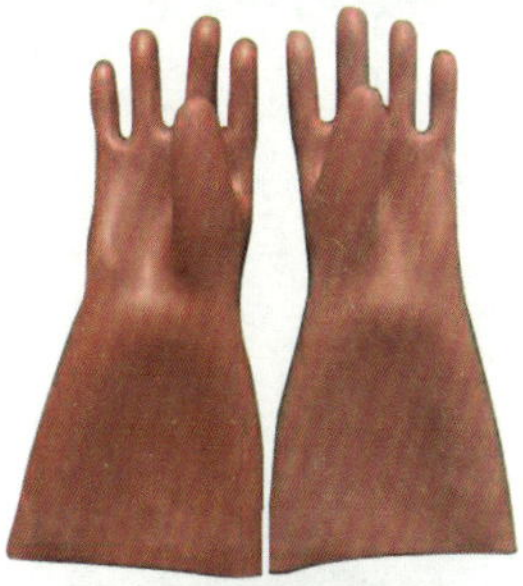	1kV
	2	一体式绝缘防电弧安全头盔	套	1		斗内电工用
	3	防电弧服	套	1		配电柜等封闭空间作业不小于 27.0cal/cm^2；应为工作负责人增配 8cal/cm^2 防电弧服
	4	防弧鞋套	顶	1		配电柜等封闭空间作业不小于 27.0cal/cm^2；应为工作负责人增配 8cal/cm^2 防电弧服

2. 0.4kV 专项作业绝缘工具

0.4kV 带电更换配电柜电容器作业项目涉及如下绝缘工具。

表 5-91 作业项目涉及特种车辆及绝缘工具

√	序号	名称	单位	数量	图示	备注
	1	绝缘凳	套	1		高度根据现场实际情况安排
	2	大（小）绝缘毯	块	1		小型透明绝缘毯，尺寸 20×20，大型透明绝缘毯，尺寸 1200×1600
	3	绝缘毯夹	个	1		红色，根据相关安全技术标准及现场实际情况选定标准型号
	4	绝缘末端套管	个	4		根据现场实际需要及情况选择

续表

√	序号	名称	单位	数量	图示	备注
	5	绝缘棘轮扳手套装	套	1	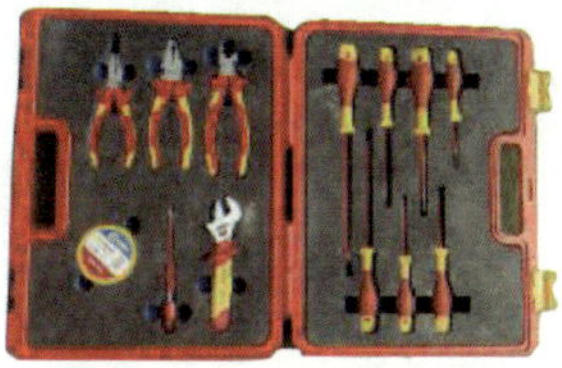	带 12mm、14mm、17mm 套筒
	6	绝缘柄螺丝刀	把	2		8 寸
	7	绝缘扳手	把	2		6 寸

3. 辅助工具

表 5-92　　　　　　　　作业项目涉及辅助工具

√	序号	名称	单位	数量	图示	备注
	1	防潮苫布	块	1		根据相关安全技术标准及现场实际情况选定标准型号

4. 其他工具及仪器仪表设备

表 5-93　　　　作业项目涉及其他工具及仪器仪表设备示意

√	序号	名称	单位	数量	图示	备注
	1	温湿度仪	块	1	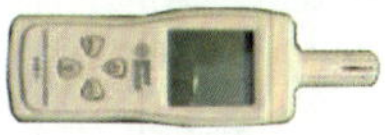	根据相关安全技术标准及现场实际情况选定标准型号

√	序号	名称	单位	数量	图示	备注
	2	风速仪	块	1		根据相关安全技术标准及现场实际情况选定标准型号
	3	低压验电器	支	1		0.4kV
	4	万用表	只	1		根据相关安全技术标准及现场实际情况选定标准型号
	5	安全警示带（牌）	套	若干		根据相关安全技术标准及现场实际情况选定标准型号
	6	无功控制仪	台	1		根据现场实际需要选定标准型号

5. 所需材料

表5-94   作业项目所需材料示意

√	序号	名称	单位	数量	图示	备注
	1	电容器	套	1		待更换
	2	色带	块	若干		黄、绿、红、蓝

五、作业程序

1. 现场复勘

表5-95   现场复勘工作内容示意

√	序号	内容
	1	工作负责人指挥工作人员核对工作线路双重名称
	2	工作负责人指挥工作人员检查柜体装置是否具备带电作业条件。本项作业应检查确认的内容有： 1）缺陷严重程度； 2）是否具备带电作业条件； 3）作业范围内地面土壤坚实、平整，符合绝缘凳安置条件
	3	线路装置是否具备带电作业条件
	4	工作负责人指挥工作人员检查气象条件： 1）天气应晴好，无雷、雨、雪、雾； 2）风力不大于5级； 3）相对湿度不大于80%
	5	工作负责人指挥工作人员检查工作票所列安全措施，在工作票上补充安全措施

2. 操作步骤

2.1 开工

2.1.1 执行工作许可制度

（1）工作负责人按工作票内容与设备运维管理单位联系，获得设备运维管理单位工作许可。

（2）工作负责人在工作票上签字，并记录许可时间。

图 5-226　执行工作票许可制度

2.1.2　召开班前会

（1）工作负责人宣读工作票。

（2）工作负责人检查工作班组成员精神状态，交代工作任务进行分工，交代工作中的安全措施和技术措施。

（3）工作负责人检查班组各成员对工作任务分工、安全措施和技术措施是否明确。

（4）班组各成员在工作票上签名确认，如图 5-227 所示。

图 5-227　工作负责人召开班前会示意

2.1.3　布置工作现场

（1）地面电工将绝缘凳放置到柜体的合适位置。

（2）警示标志齐全，不少于 2 块："在此工作""从此进出"。

（3）禁止作业人员擅自移动或拆除围栏、标示牌，如图 5-228 所示。

图 5-228 布置工作现场示意

（4）班组成员按要求将绝缘工器具放在防潮苫布上：

1）防潮苫布应清洁、干燥；

2）工器具应分类摆放；

3）绝缘工器具不能与金属工具、材料混放，如图 5-229 所示。

图 5-229 绝缘工器具布放示意

2.2 检查

2.2.1 检查绝缘工器具

班组成员使用清洁干燥毛巾逐件对绝缘工器具进行擦拭并进行外观检查：

（1）检查人员应戴清洁、干燥的手套；

（2）绝缘工具表面不应磨损、变形损坏，操作应灵活；

（3）个人安全防护用具和遮蔽、隔离用具应无针孔、砂眼、裂纹，如图 5-230 所示。

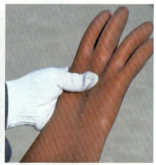

图 5-230　工作人员检查个人安全防护用具示意

（4）对绝缘手套进行充气检查，并确认合格，如图 5-231 所示。

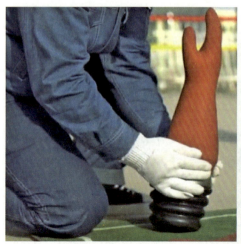

图 5-231　对绝缘手套进行充气检查示意

（5）禁止使用有损坏、受潮、变形或失灵的带电作业装备、工具。绝缘工器具检查完毕，向工作负责人汇报检查结果。

2.2.2　检查电容器

检查新电容器，如图 5-232 所示。

需注意以下几点：

（1）对新电容器的表面进行清洁；

（2）检查新电容器铭牌的额定容量、接法等；

（3）检查新电容器的接线桩头、螺母、垫片是否齐全，如图 5-233 所示。

图 5-232 检查新电容器示意

图 5-233 检查电容器接线桩头、螺母工作示意

2.3 作业施工

2.3.1 穿戴安全防护用品

作业人员穿戴好个人防护用具，如图 5-234 所示。

图 5-234 作业人员按要求正确穿戴个人防护用具示意

需注意以下几点：

（1）绝缘防护用具包括一体式绝缘防电弧安全头盔、低压带电作业手套、绝缘鞋、防电弧服、防弧鞋套等；

（2）工作负责人应检查作业人员个人防护用具的穿戴是否正确。

2.3.2　进入带电作业区域

带电作业电工经工作负责人许可后，进入带电作业区域，如图 5-235 所示。

图 5-235　带电作业电工经工作负责人许可后，进入带电作业区域示意

2.3.3　验电

作业人员使用验电器对配电柜体进行验电，验明柜体确无电压，如图 5-236 所示。

图 5-236　对配电柜体进行验电示意

2.3.4　拉开旧电容器断路器

拉开电容器的断路器开关，操作顺序为：

（1）打开电容柜柜门，如图 5-237 所示。

（2）拉开待更换电容器的断路器开关，如图 5-238 所示。

图 5-237　打开电容柜柜门示意

图 5-238　打开待更换电容器的断路器开关示意

（3）用验电器验明断路器下桩头无电压，如图 5-239 所示。

图 5-239　用验电器验明断路器下桩头无电压操作示意

2.3.5　放电

作业人员使用阻放型放电棒对待更换电容器进行逐相电阻放电，如图 5-240 所示。

图 5-240　逐相放电操作示意

需要注意以下几点：

（1）放电棒应先接好接地端，如图 5-241 所示。

图 5-241　放电棒接地示意

（2）对待更换电容器进行逐相充分放电。

2.3.6　设置绝缘遮蔽

作业人员用绝缘毯、对带电部位进行绝缘遮蔽，对待更换电容及接线端子进行隔离，如图 5-242 所示。

图 5-242　使用绝缘毯准备进行绝缘遮蔽示意

需要注意以下几点：

（1）获得工作负责人的许可后，作业人员按照"从近到远、从下到上"的顺序对作业中可能触及的带电体、接地体进行绝缘遮蔽隔离；

（2）对作业中可能碰触的带电部位均应进行绝缘遮蔽，如图5-243所示。

图5-243　对可能碰触的带电部位均进行绝缘遮蔽示意

（3）设置绝缘遮蔽隔离措施时，动作应轻缓；

（4）绝缘遮蔽措施应严密、牢固，绝缘遮蔽组合应重叠，如图5-244所示。

图5-244　已经完成绝缘遮蔽操作效果示意

2.3.7　拆除引线

拆除电容器引线，如图5-245所示。

需要注意以下几点：

（1）拆除引线前应保证其他运行的电容器接地良好。

（2）作业人员拆除电容器引线后立即进行绝缘包裹并做好相色标记，如图5-246所示。

图 5-245 拆除电容器引线示意

图 5-246 用绝缘套管包裹引线示意

2.3.8 更换电容器

经工作负责人的许可后拆除待更换的电容器，如图 5-247 所示。

图 5-247 拆除旧电容器后交给地面工作人员示意

安装新电容器，如图 5-248 所示。

图 5-248　作业人员接过新电容器准备进行安装示意

需要注意以下几点：

（1）拆除待更换的电容器需要小心，避免碰触带电体；

（2）新电容器的安装应牢固，如图 5-249 所示。

图 5-249　新电容器安装过程示意

2.3.9　安装引线

经工作负责人的许可后，使用绝缘工具恢复电容器引线，如图 5-250 所示。

图 5-250　在新更换的电容器上安装电容器引线示意

需要注意以下几点：

（1）拆除引线的绝缘包裹；

（2）按相色标记安装电容器引线；

（3）接线工艺应符合相关要求。

2.3.10　拆除绝缘遮蔽

经工作负责人的许可后，作业人员拆除绝缘遮蔽，拆除的顺序按照与设置绝缘遮蔽措施相反的顺序进行，如图 5−251 所示。

图 5−251　按要求拆除绝缘遮蔽示意

图 5−252 显示为最终拆除效果。

图 5−252　绝缘遮蔽拆除完毕效果示意

2.3.11　合上断路器

经工作负责人的许可后，作业人员合上断路器，如图 5−253 所示。

用万用表测量三相电压正常，用无功控制仪手动投切电容器确认运行正常，如图 5−254 所示。

图 5-253　合上电容器断路器开关示意

图 5-254　用万用表测量三相电压操作示意

2.4　施工质量检查

现场工作负责人全面检查作业质量，作业现场无遗漏的工具、材料等，确认装置无缺陷，符合运行要求，如图 5-255 所示。

图 5-255　施工质量检查后工作负责人进行说明示意

2.5 完工

现场工作负责人全面检查工作完成情况。

六、工作结束

表 5-96　　　　　操作结束后需要完成的收尾工作细节示意

√	序号	作业内容
	1	清理工具及现场： （1）收回工器具、材料，摆放在防潮苫布上。 （2）工作负责人全面检查工作完成情况，清点整理工具、材料，将工器具清洁后放入专用的箱（袋）中，组织班组成员认真检查现场无遗留物，无误后撤离现场，做到"工完料尽场地清"
	2	办理工作终结手续：工作负责人向设备运维管理单位（工作许可人）汇报工作结束，终结工作票
	3	召开收工会：工作负责人组织召开现场收工会，做工作总结和点评工作 （1）正确点评本项工作的施工质量； （2）点评班组成员在作业中的安全措施的落实情况； （3）点评班组成员对规程的执行情况
	4	作业人员撤离现场

第九节　0.4kV 临时电源供电

一、适用范围

本作业指导书适用于 0.4kV 绝缘手套作业法临时电源供电工作。图 5-256 为本项作业的标准化作业现场。

图 5-256　标准化作业现场示意

二、规范性引用文件

1. GB 17622 带电作业用绝缘手套通用技术条件
2. GB/T 18037 带电作业工具基本技术要求与设计导则
3. GB/T 14286 带电作业工具设备术语
4. GB/T 2900.55 电工术语、带电作业
5. GB/T 18857 配电线路带电作业技术导则
6. DL/T 320 个人电弧防护用品通用技术要求
7. DL/T 878 带电作业用绝缘工具试验导则
8. Q/GDW 10799.8 国家电网有限公司电力安全工作规程 第八部分：配电部分
9. Q/GDW 12218 低压交流配网不停电技术导则
10. Q/GDW 1519 配网运维规程
11. Q/GDW 10520 10kV 配网不停电作业规范
12. Q/GDW 745 配网设备缺陷分类标准
13. Q/GDW 11261 配网检修规程

三、作业前准备

1. 现场勘察

表5-97　　　　　　　　　　现场勘察工作细节示意

√	序号	内容	标准	备注
	1	现场勘察	（1）现场工作负责人应提前组织有关人员进行现场勘察，根据勘察结果做出能否进行带电作业的判断，并确定作业方法及应采取的安全技术措施。 （2）现场勘察包括下列内容：作业现场条件是否满足施工要求，能否使用 0.4kV 发电车，能够展放低压柔性电缆以及存在的作业危险点等。 （3）配电箱站是否具备不停电作业条件： 1）配电箱站名称及编号，确认箱站体有无漏电现象，接地装置是否合格，作业现场是否满足作业要求； 2）确认发电车容量是否满足负荷标准； 3）作业范围内地面土壤坚实、平整，符合 0.4kV 发电车安置条件； （4）工作负责人指挥工作人员检查工作票所列安全措施，在工作票上补充安全措施	
	2	了解现场气象条件	了解现场气象条件，判断是否符合《国家电网有限公司电力安全工作规程 第八部分：配电部分》对带电作业要求。 1）天气应晴好，无雷、雨、雪、雾； 2）风力不大于 5 级； 3）相对湿度不大于 80%	

续表

√	序号	内容	标准	备注
	3	组织现场作业人员学习作业指导书	掌握整个操作程序，理解工作任务及操作中的危险点及控制措施	
	4	填写工作票并签发	按要求填写配电带电工作票，安全措施应符合现场实际，工作票应提前一天签发	

2. 现场作业人员的基本要求

表 5-98　　　　　　　　现场作业人员的基本要求示意

√	序号	内容	备注
	1	作业人员应身体状况良好，情绪稳定，精神集中	
	2	作业人员应具备必要的电气知识，熟悉配电线路带电作业规范	
	3	作业人员经培训合格，取得相应作业资质，并熟练掌握配电线路带电作业方法及技术	
	4	作业人员必须掌握《国家电网有限公司电力安全工作规程　第八部分：配电部分》相关知识，并经考试合格	
	5	作业人员应掌握紧急救护法，特别要掌握触电急救方法	
	6	作业人员应两穿一戴，个人工具和劳保防护用品应合格齐备	

3. 作业人员分工

表 5-99　　　　　　　　作 业 人 员 分 工 示 意

√	序号	人员分工	工作内容	人数
	1	工作负责人	负责交代工作任务、安全措施和技术措施，履行监护职责	1 人
	2	地面电工	负责敷设及回收电缆工作、负责电缆接入作业和核相工作	3 人

4. 危险点分析

表 5-100　　　　　　　　危 险 点 分 析 示 意

√	序号	内容
	1	工作负责人监护不到位，作业人员失去监护
	2	旁路作业现场未设专人负责指挥施工，作业现场混乱，安全措施不齐全
	3	电缆设备投运前未进行外观检查，因设备损毁或有缺陷未及时发现造成人身、设备事故
	4	敷设电缆未设置防护措施及安全围栏，发生行人车辆踩压，造成电缆损伤
	5	地面敷设电缆被重型车辆碾压，造成电缆损伤
	6	敷设旁路作业设备时，电缆、电缆终端的连接时未核对分相标志，导致接线错误

续表

√	序号	内容
	7	敷设电缆方法错误，电缆与地面摩擦，导致电缆损坏
	8	电缆设备绝缘检测后，未进行整体放电或放电不完全，引发人身触电伤害
	9	拆除旁路作业设备前未进行整体放电或放电不完全，引发人身触电伤害
	10	电缆敷设好后未按要求设置好保护盒
	11	旁路作业前未检测确认待检修线路负荷电流造成旁路作业设备过载
	12	旁路作业设备连接过程中，未进行相色标记核对造成短路事故
	13	低压临时电源接入前相序不一致

5. 安全注意事项

表 5-101　　　　　　　　　安全注意事项内容示意

√	序号	内容
	1	作业现场应有专人负责指挥施工，做好现场的组织、协调工作。作业人员应听从工作负责人指挥。监护人应履行监护职责，要选择便于监护的位置，监护的范围不得超过一个作业点
	2	旁路作业现场应有专人负责指挥施工，多班组作业时应做好现场的组织、协调工作。作业人员应听从工作负责人指挥
	3	作业现场及工具摆放位置周围应设置安全围栏、警示标志，防止行人及其他车辆进入作业现场
	4	操作之前应核对开关编号及状态
	5	敷设电缆时应设围栏。在路口应采用过街保护盒或架空敷设并设专人看守
	6	敷设电缆时，须由多名作业人员配合使电缆离开地面整体敷设，防止电缆与地面摩擦。连接电缆时，电缆连接器按规定要求涂绝缘脂
	7	旁路作业设备使用前应进行外观检查并对组装好的旁路作业设备（电缆、电缆终端等）进行绝缘电阻检测，合格后方可投入使用
	8	旁路作业设备的电缆、电缆终端的连接应核对分相标志，保证相位色的一致
	9	电缆运行期间，应派专人看守、巡视，防止行人碰触。防止重型车辆碾压
	10	拆除旁路作业设备前，应充分放电
	11	作业前需检测确认待检修线路负荷电流小于旁路设备额定电流值
	12	旁路作业设备连接过程中，必须核对相色标记，确认每相连接正确
	13	低压临时电源接入前应确认两侧相序一致

四、工器具及材料

1. 专项作业个人防护用具、承载用具

作业项目涉及如下个人防护用具。

表 5-102 作业项目涉及个人防护用具

√	序号	名称	单位	数量	图示	备注
	1	低压带电作业手套	副	1	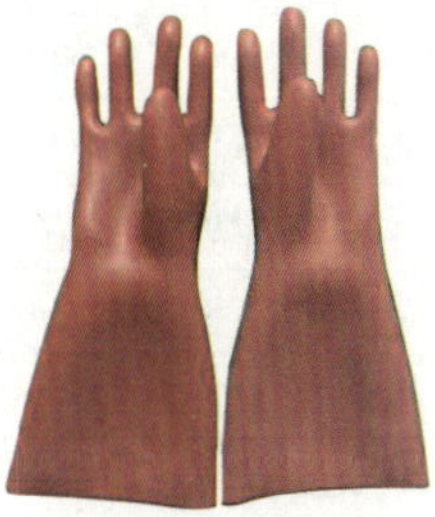	1kV，具备绝缘、防弧、防刺穿功能
	2	一体式绝缘防弧头盔	顶	1	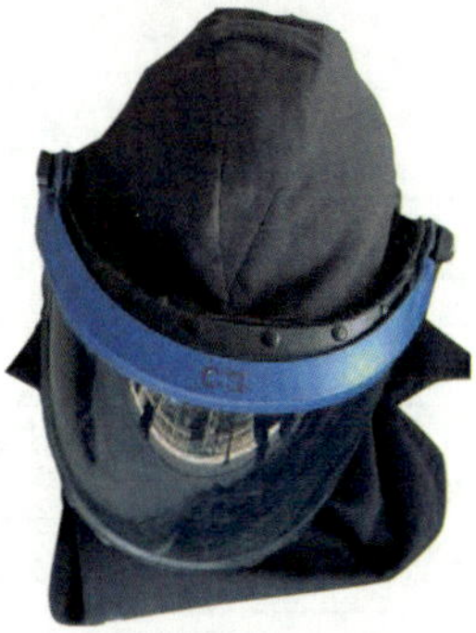	0.4kV 带电作业用，防电弧能力不小于 6.8cal/cm²
	3	安全帽	顶	3		根据相关安全技术标准及现场实际情况选定标准型号
	4	防电弧服	套	1		防电弧能力不小于 6.8cal/cm²

2. 0.4kV 专项作业特种车辆及绝缘工具

作业项目涉及如下绝缘工具。

表 5-103 作业项目涉及特种车辆及绝缘工具

√	序号	名称	单位	数量	图示	备注
	1	发电车	辆	1		容量根据现场实际情况确定
	2	绝缘毯	块	1	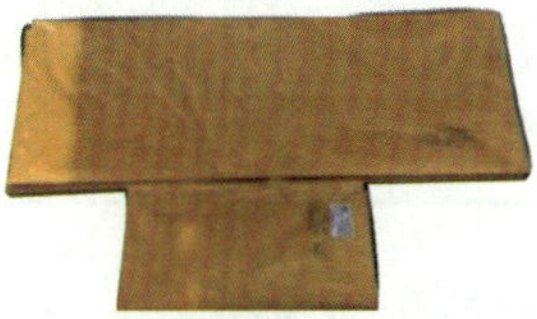	1kV，数量根据现场情况确定
	3	绝缘隔板	块	3	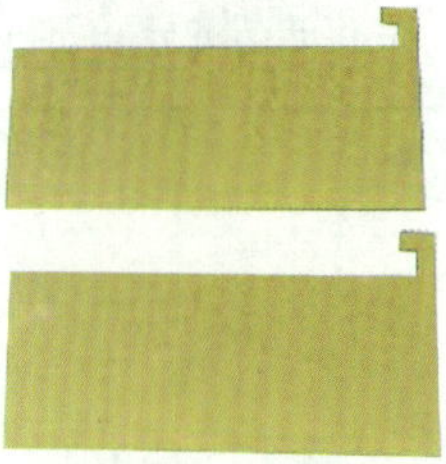	数量根据现场情况确定
	4	绝缘放电棒	把	1		根据相关安全技术标准及现场实际情况选定标准型号
	5	绝缘活络扳手	把	1		1kV
	6	绝缘棘轮扳手套装	套	1	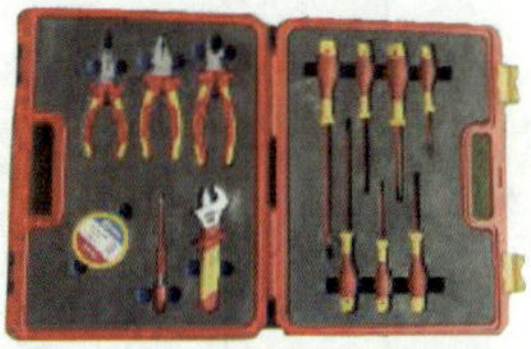	带 12mm、14mm、17mm 套筒

3. 辅助工具

表 5-104   作业项目涉及辅助工具

√	序号	名称	单位	数量	图示	备注
	1	防潮苫布	块	1		根据相关安全技术标准及现场实际情况选定标准型号
	2	电缆防护盖板	块	1		根据相关安全技术标准及现场实际情况选定标准型号

4. 其他工具及仪器仪表设备

表 5-105   作业项目涉及其他工具及仪器仪表设备示意

√	序号	名称	单位	数量	图示	备注
	1	围栏（网）、安全警示牌等	套	若干		根据相关安全技术标准及现场实际情况选定标准型号
	2	绝缘电阻表	块	1		500V
	3	钳形电流表	块	1		根据相关安全技术标准及现场实际情况选定标准型号

续表

√	序号	名称	单位	数量	图示	备注
	4	相序表	块	1		0.4kV
	5	发电车出线电缆	米	25		0.4kV
	6	低压声光验电器	支	1		0.4kV
	7	温湿度仪	台	1	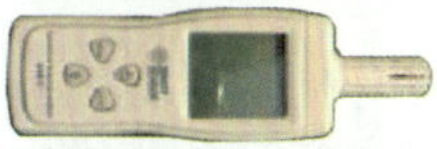	根据相关安全技术标准及现场实际情况选定标准型号
	8	风速仪	台	1		根据相关安全技术标准及现场实际情况选定标准型号

5. 所需材料

表5-106 作业项目所需材料示意

√	序号	名称	单位	数量	图示	备注
	1	清洁干燥毛巾	条	1		根据相关安全技术标准及现场实际情况选定标准型号

五、作业程序

1. 现场复勘

表 5-107　　　　　　　　　　现场复勘工作内容示意

√	序号	内容
	1	工作负责人指挥工作人员核对工作线路、设备双重名称
	2	工作负责人指挥工作人员检查线路装置是否具备不停电作业条件。本项作业应检查确认的内容有： 1）配电箱站名称及编号，确认箱站体有无漏电现象，作业现场是否满足作业要求； 2）确认发电车容量是否满足负荷标准； 3）作业范围内地面土壤坚实、平整，符合 0.4kV 发电车安置条件
	3	工作负责人指挥工作人员检查气象条件： 1）天气应晴好，无雷、雨、雪、雾； 2）风力不大于 5 级； 3）相对湿度不大于 80%
	4	工作负责人指挥工作人员检查工作票所列安全措施，在工作票上补充安全措施

2. 操作步骤

2.1 开工

2.1.1　执行工作许可制度

（1）工作负责人按工作票内容与设备运维管理单位联系，获得设备运维管理单位工作许可。

（2）工作负责人在工作票上签字，并记录许可时间。

2.1.2　停放发电车

（1）将发电车停放到最佳位置，如图 5-257 所示。

图 5-257　按要求停放发电车示意

需注意以下几点：

1）停放的位置应避开邻近电力线和障碍物；

2）停放位置坡度不大于 7°。

（2）支放低压带电作业车支腿，作业人员对支腿情况进行检查，不应支放在沟道盖板上，如图 5-258 所示。

图 5-258　正确支放发电车支腿示意

（3）将发电车可靠接地，如图 5-259 所示。

图 5-259　发电车可靠接地示意

2.1.3　召开班前会

（1）工作负责人宣读工作票。

（2）工作负责人检查工作班组成员精神状态，交代工作任务进行分工，交代工作中的安全措施和技术措施。

（3）工作负责人检查班组各成员对工作任务分工、安全措施和技术措施是否明确。

（4）班组各成员在工作票上签名确认，如图5-260所示。

图5-260 工作负责人召开班前会示意

2.1.4 布置工作现场

（1）工作负责人组织班组成员设置工作现场的安全围栏、安全警示标志：

1）安全围栏的范围应考虑作业中高空坠落和高空落物的影响以及道路交通，必要时联系交通部门，如图5-261所示。

图5-261 正确布放安全围栏示意

2）围栏的出入口应设置合理；

3）警示标示应包括"从此进出""在此工作"等，道路两侧应有"车辆慢行"或"车辆绕行"标示或路障，如图5-262所示。

图 5-262　警示标志布放示意

（2）班组成员按要求将绝缘工器具放在防潮苫布上，如图 5-263 所示。

图 5-263　按要求布放绝缘工器具示意

需要注意以下几点：

1）防潮苫布应清洁、干燥；

2）工器具应分类摆放。

（3）绝缘工器具不能与金属工具、材料混放。

2.2　检查

班组成员使用清洁干燥毛巾逐件对绝缘工器具进行擦拭并进行外观检查，如图 5-264 所示。

检查时需注意：

（1）检查人员应戴清洁、干燥的手套；

图 5-264　班组成员使用清洁干燥毛巾擦拭绝缘工器具示意

（2）绝缘工具表面不应磨损、变形损坏，操作应灵活，如图 5-265 所示。

图 5-265　绝缘工具检查示意

（3）个人安全防护用具和遮蔽、隔离用具应无针孔、砂眼、裂纹，如图 5-266 所示。

图 5-266　对绝缘手套进行检查示意

（4）绝缘工器具检查完毕，向工作负责人汇报检查结果。

2.3 作业施工

2.3.1 敷设防潮苫布和电缆防护盖板

作业人员敷设电缆防潮苫布，敷设电缆防护盖板；敷设工作完毕，检查敷设完整程度，并向工作负责人汇报检查结果，如图 5－267 所示。

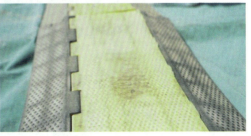

图 5－267 敷设防潮苫布和电缆防护盖板示意

2.3.2 敷设发电车出线电缆

在待供电低压侧设备与发电车之间敷设发电车出线电缆，须由多名作业人员配合使发电车出线电缆离开地面整体敷设，防止发电车出线电缆与地面摩擦，如图 5－268 所示。

图 5－268 多名作业人员配合使发电车出线电缆离开地面整体敷设示意（一）

图 5-268 多名作业人员配合使发电车出线电缆离开地面整体敷设示意（二）

2.3.3 绝缘检测

获得工作负责人许可后，发电车出线电缆使用前应进行外观检查和绝缘电阻检测，如图 5-269 所示。

图 5-269 出线电缆外观检查示意

需要注意以下几点：

（1）电缆表面绝缘应无明显磨损或破损现象；

（2）组装完成后检测绝缘电阻，合格后方可投入使用，如图 5-270 所示。

图 5-270 检测绝缘电阻工作示意（一）

图 5-270　检测绝缘电阻工作示意（二）

（3）依次检查各相电缆的额定荷载电流并对照线路负荷电流（可根据现场勘察或运行资料获得），电缆额定荷载电流应大于线路最大负荷电流 1.2 倍；

（4）检测绝缘电阻后要逐相充分放电，确认电缆无电后向工作负责人报告，如图 5-271 所示。

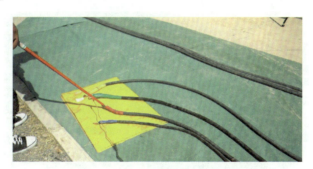

图 5-271　逐相充分放电示意

2.3.4　发电车出线电缆接入发电机侧

（1）获得工作负责人许可后，按照相色标记，作业人员将发电车出线电缆接入发电车 0.4kV 411 开关（发电车低压出线开关）下桩头，如图 5-272 所示。

图 5-272　将发电车出线电缆接入发电车 0.4kV 411 开关（发电车低压出线开关）下桩头示意

（2）确认发电车 0.4kV 411 开关处于分位，发电车出线电缆应与发电车 0.4kV 411 开关下桩头保证相色一致，接入完毕后向工作负责人报告，如图 5-273 所示。

图 5-273　确认发电车 0.4kV 411 开关处于分位示意

发电车出线电缆接入发电机侧最终效果，如图 5-274 所示。

图 5-274　发电车出线电缆接入发电机侧最终效果示意

2.3.5　箱体验电

正式作业前，需对箱体进行验电，如图 5-275 所示。

图 5-275　作业人员验电示意

2.3.6　检查配电箱 401、411、备用开关位置

倒闸操作作业人员检查配电箱 0.4kV 401 开关（低压总开关）在合位，0.4kV 备用开关在分位，0.4kV 411 开关（低压出线开关）在合位，如图 5-276 所示。

图 5-276　401、411 及备用开关位置示意

2.3.7　开关验电

获得工作负责人的许可后，倒闸操作成员依次对 0.4kV 备用开关上、下桩头逐相验电，确认其上桩头带电、下桩头不带电。倒闸操作成员对柜内接地体进行验电，确认无漏电现象，如图 5-277 所示。

图 5-277　按要求对开关验电示意

2.3.8　设置绝缘遮蔽

获得工作负责人的许可后，倒闸操作成员对配电箱内可能触及的带电部位设置绝缘隔板，如图 5-278 所示。

需要注意以下几点：

（1）倒闸操作成员设置绝缘隔板时，动作应轻缓，与配电箱内带电体之间应保持安全距离；

（2）绝缘隔板隔离措施应严密、牢固，如图 5-279 所示。

图 5-278　设置绝缘遮蔽措施示意

图 5-279　绝缘隔板隔离措施效果示意

2.3.9　配电箱侧安装发电车出线电缆

获得工作负责人许可后，倒闸操作成员按照"先零线、后相线"的顺序逐相安装，安装完毕，确认安装牢固且相邻电缆无触碰后向工作负责人报告，如图 5-280 所示。

图 5-280　配电箱侧安装发电车出线电缆示意

2.3.10 检查发电机启动前状态

获得工作负责人许可后，作业人员依次打开发电车低压出线开关显示电源，如图 5-281 所示。

图 5-281 打开发电车低压出线开关显示电源示意

打开发电车车体两侧送风门及车尾出风门，如图 5-282 所示。

图 5-282 打开发电车车体两侧送风门及车尾送风门示意

并确认发电机水位、油位正常，如图 5-283 所示。

图 5-283 确认水位、油位正常示意

2.3.11　启动发电机电源

获得工作负责人许可后，倒闸操作成员确认发电车 0.4kV 411 开关（发电车出线开关）在"分"位，启动发电机电源，合上发电车 0.4kV 411 开关，确认后向工作负责人报告，如图 5－284 所示。

图 5－284　启动发电机电源操作示意

2.3.12　检测电压及相序

（1）获得工作负责人许可后，倒闸操作成员逐相检查发电车 0.4kV 411 开关输出电压正常，完成后向工作负责人报告，如图 5－285 所示。

图 5－285　电压检测示意

（2）完成后检测配电箱 0.4kV 备用开关两侧相序，确认一致后向工作负责人报告，如图 5-286 所示。

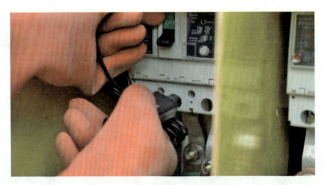

图 5-286　相序检测示意

2.3.13　断开配电箱低压出线开关及低压总开关

获得工作负责人的许可后，倒闸操作成员依次断开配电箱 0.4kV 411 开关（低压出线开关），如图 5-287 所示。

图 5-287　断开 0.4kV 411 开关（低压出线开关）示意

断开 0.4kV 401 开关（低压总开关），如图 5-288 所示。

图 5-288　断开低压总开关示意

用验电器对配电箱低压出线开关、低压总开关出线逐相验电,确认无电后向工作负责人报告,如图 5-289 所示。

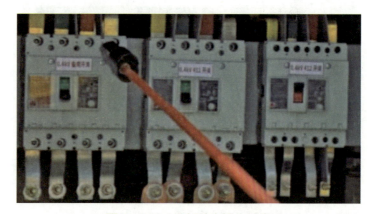

图 5-289　逐相验电操作示意

2.3.14　合上配电箱 0.4kV 备用开关及低压出线开关

获得工作负责人的许可后,倒闸操作成员依次合上配电箱 0.4kV 备用开关及 0.4kV 411 开关(低压出线开关),并验电确认后向工作负责人报告,如图 5-290 所示。

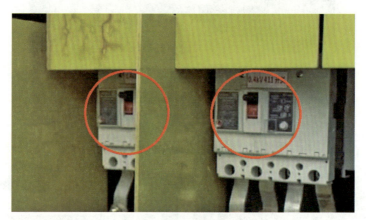

图 5-290　合上配电箱 0.4kV 备用开关及低压出线开关示意

2.3.15　检测负荷情况

用钳形电流表检测负荷电流,判断通流情况并汇报工作负责人,依次检查各相电缆的实际电流并对照线路负荷电流(可根据现场勘察或运行资料获得),确认发电车临时供电是否正常,确认后向工作负责人报告。至此完成临时供电作业操作,如图 5-291 所示。

图 5-291 用钳形电流表检测负荷电流示意

2.3.16 拉开配电箱低压出线开关及 0.4kV 备用开关

获得工作负责人的许可后，临时取电工作结束，倒闸操作成员依次拉开配电箱 0.4kV 411 开关（低压出线开关）及 0.4kV 备用开关并确认，确认后向工作负责人报告，如图 5-292 所示。

图 5-292 拉开配电箱低压出线开关及 0.4kV 备用开关操作示意

2.3.17 拉开发电车出线开关，退出发电车电源

获得工作负责人的许可后，倒闸操作成员拉开发电车 0.4kV 411 开关（发电车出线开关），退出发电机电源，确认后向工作负责人报告，如图 5-293 所示。

图 5-293 退出发电车电源操作示意

2.3.18 合上配电箱低压总开关及低压出线开关

（1）获得工作负责人的许可后，倒闸操作成员依次合上配电箱 0.4kV 401 开关（低压总开关）并确认，如图 5-294 所示。

图 5-294 合上配电箱 0.4kV 401 开关（低压总开关）操作示意

合上 0.4kV 411 开关（低压出线开关）并确认，确认后向工作负责人报告，如图 5-295 所示。

图 5-295 合上 0.4kV 411 开关（低压出线开关）示意

（2）倒闸操作成员检测配电箱低压出线电压正常，并向工作负责人报告。

2.3.19 拆除电缆

获得工作负责人的许可后，倒闸操作成员在配电箱 0.4kV 备用开关下桩头侧对发电车出线电缆逐相充分放电，放电完成后拆除发电车出线电缆，收回防潮苫布和电缆防护盖板，并向工作负责人报告，如图 5-296 所示。

2.3.20 拆除绝缘遮蔽

获得工作负责人的许可后，倒闸操作成员拆除绝缘隔板，如图 5-297 所示。

图5-296 拆除电缆示意

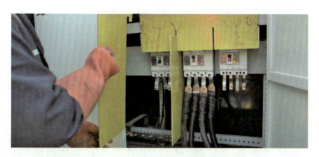

图5-297 拆除电缆防护盖板操作示意

需要注意以下几点：

（1）倒闸操作成员拆除绝缘隔板时，动作应轻缓，对配电箱内带电体之间应保持安全距离；

（2）作业中，严禁人体串入电路，拆除后向工作负责人报告。

2.4 施工质量检查

现场工作负责人全面检查作业质量，无遗漏的工具、材料等。

2.5 完工

现场工作负责人全面检查工作完成情况，如图5-298所示。

图5-298 工作完成工作负责人进行总结示意

六、工作结束

表5-108　　　　　　　工作结束后收尾工作细节示意

√	序号	作业内容
	1	清理工具及现场: (1) 收回工器具、材料,摆放在防雨苦布上; (2) 工作负责人全面检查工作完成情况,清点整理工具、材料,将工器具清洁后放入专用的箱(袋)中,组织班组成员认真检查现场无遗留物,无误后撤离现场,做到"工完料尽场地清"
	2	办理工作终结手续:工作负责人向设备运维管理单位(工作许可人)汇报工作结束,终结工作票
	3	召开收工会:工作负责人组织召开现场收工会,做工作总结和点评工作: (1) 正确点评本项工作的施工质量; (2) 点评作业人员在作业中的安全措施的落实情况; (3) 点评作业人员对规程的执行情况
	4	作业人员撤离现场

第十节　0.4kV 架空线路临时取电向配电柜供电

一、适用范围

本作业指导书适用于绝缘手套作业法 0.4kV 架空线路临时取电向配电柜供电作业。图 5-299 为本项作业的标准化作业现场。

图 5-299　标准化作业现场示意

二、规范性引用文件

1. GB 17622　带电作业用绝缘手套通用技术条件

2. GB/T 18037　带电作业工具基本技术要求与设计导则

3. GB/T 14286　带电作业工具设备术语

4. GB/T 2900.55　电工术语、带电作业

5. GB/T 18857　配电线路带电作业技术导则

6. DL/T 320　个人电弧防护用品通用技术要求

7. DL/T 878　带电作业用绝缘工具试验导则

8. Q/GDW 10799.8　国家电网有限公司电力安全工作规程　第八部分：配电部分

9. Q/GDW 12218　低压交流配网不停电技术导则

10. Q/GDW 1519　配网运维规程

11. Q/GDW 10520 10kV 配网不停电作业规范

12. Q/GDW 745　配网设备缺陷分类标准

13. Q/GDW 11261　配网检修规程

三、作业前准备

1. 现场勘察

表 5-109　　　　　　　　　现场勘察工作细节示意

√	序号	内容	标准	备注
	1	现场勘察	（1）现场工作负责人应提前组织有关人员进行现场勘察，根据勘察结果做出能否进行带电作业的判断，并确定作业方法及应采取的安全技术措施。 （2）现场勘察包括下列内容：作业现场条件是否满足施工要求，能否使用低压带电作业车，以及存在的作业危险点等。 （3）工作设备双重名称、杆号。 1）杆身完好无裂纹； 2）埋深符合要求； 3）基础牢固； 4）周围无影响作业的障碍物； 5）柜内设备满足作业要求。 （4）线路装置是否具备带电作业条件。本项作业应检查确认的内容有： 1）是否具备带电作业条件； 2）作业范围内地面土壤坚实、平整，符合低压带电作业车安置条件。 （5）工作负责人指挥工作人员检查工作票所列安全措施，在工作票上补充安全措施	
	2	了解现场气象条件	了解现场气象条件，判断是否符合《国家电网有限公司电力安全工作规程　第八部分：配电部分》对带电作业要求	

续表

√	序号	内容	标准	备注
	2	了解现场气象条件	（1）天气应晴好，无雷、雨、雪、雾； （2）风力不大于 5 级； （3）相对湿度不大于 80%	
	3	组织现场作业人员学习作业指导书	掌握整个操作程序，理解工作任务及操作中的危险点及控制措施	
	4	填写工作票并签发	按要求填写配电带电作业工作票，安全措施应符合现场实际，工作票应提前一天签发	

2. 现场作业人员的基本要求

表 5-110　　　　　　　　　现场作业人员的基本要求示意

√	序号	内容	备注
	1	作业人员应身体状况良好，情绪稳定，精神集中	
	2	作业人员应具备必要的电气知识，熟悉配电线路带电作业规范	
	3	作业人员经培训合格，取得相应作业资质，并熟练掌握配电线路带电作业方法及技术	
	4	作业人员必须掌握《国家电网有限公司电力安全工作规程　第八部分：配电部分》相关知识，并经考试合格	
	5	作业人员应掌握紧急救护法，特别要掌握触电急救方法	
	6	作业人员应两穿一戴，个人工具和劳保防护用品应合格齐备	

3. 作业人员分工

表 5-111　　　　　　　　作 业 人 员 分 工 示 意

√	序号	人员分工	工作内容	人数
	1	工作负责人（监护人）	负责交代工作任务、安全措施和技术措施，履行监护职责	1 人
	2	斗内作业电工	主要负责杆上作业	1 人
	3	地面作业电工	主要负责柜内作业	1 人
	4	地面辅助电工	负责敷设旁路电缆及其他辅助工作等	2 人

4. 危险点分析

表 5-112　　　　　　　　危 险 点 分 析 示 意

√	序号	内容
	1	工作负责人（监护人）监护不到位，使作业人员失去监护

续表

√	序号	内容
	2	未设置防护措施及安全围栏、警示牌，发生行人车辆进入作业现场，造成危害发生
	3	低压带电作业车位置停放不佳，附近存在电力线和障碍物，坡度过大，造成车辆倾覆人员伤亡事故
	4	作业人员未对低压带电作业车支腿情况进行检查，误支放在沟道盖板上、未使用垫块或枕木、支撑不到位，造成车辆倾覆人员伤亡事故
	5	低压带电作业车操作人员未将低压带电作业车可靠接地
	6	遮蔽作业时动作幅度过大，可能造成相间短路或单相接地
	7	遮蔽不完整，留有漏洞、带电体暴露，作业时导致人体未防护部位同时接触不同电位装置串入电路，造成人身触电
	8	带电搭接旁路电缆时，人体串入电路，造成人身伤害
	9	未能正确使用登高作业工具，造成高处坠落人员伤害
	10	地面电工在作业区下方逗留，造成高处落物伤害

5. 安全注意事项

表 5-113　　　　　　　　　安全注意事项内容示意

√	序号	内容
	1	作业现场应有专人负责指挥施工，做好现场的组织、协调工作。作业人员应听从工作负责人指挥。工作负责人（监护人）应履行监护职责，要选择便于监护的位置，监护的范围不得超过一个作业点
	2	作业现场及工具摆放位置周围应设置安全围栏、警示标志，防止行人及其他车辆进入作业现场，必要时应派专人守护
	3	低压带电作业车应停放到最佳位置： （1）停放的位置应便于低压带电作业车绝缘斗到达作业位置，避开邻近电力线和障碍物； （2）停放位置坡度不大于 7°； （3）低压带电作业车宜顺线路停放
	4	作业人员应对低压带电作业车支腿情况进行检查，向工作负责人汇报检查结果。检查标准为： （1）应支放在平坦稳定的地面上，不应支放在沟道盖板上； （2）软土地面应使用垫块或枕木，垫板重叠不超过 2 块； （3）支撑应到位。车辆前后、左右呈水平，整车支腿受力
	5	低压带电作业车操作人员应将低压带电作业车可靠接地
	6	带电作业应戴低压带电作业手套、绝缘安全帽（带防弧面屏）、穿防电弧服，并保持对地绝缘；遮蔽作业时动作幅度不得过大，防止造成相间、相对地放电；若存在相间短路风险应加装绝缘遮蔽（隔离）措施
	7	遮蔽应完整，遮蔽应有重叠，避免留有漏洞、带电体暴露
	8	搭接旁路电缆时严禁带负荷搭接，避免造成人身伤害
	9	正确使用个人防护用品、登高作业工具，对安全带进行冲击试验
	10	地面人员不得在作业区下方逗留

四、工器具及材料

领用带电作业工器具应核对电压等级和试验周期，并检查外观及试验标签完好无损。

工器具在运输过程中，应存放在专用工具袋、工具箱或工具车内，以防受潮和损伤。

1. 专项作业个人防护用具、承载用具

0.4kV 架空线路临时取电向配电柜供电作业项目涉及如下个人防护用具。

表 5-114　　　　　　　　作业项目涉及个人防护用具

√	序号	名称	单位	数量	图示	备注
	1	绝缘鞋	双	5		5kV
	2	安全帽	顶	5		根据相关安全技术标准及现场实际情况选定标准型号
	3	低压带电手套	副	2	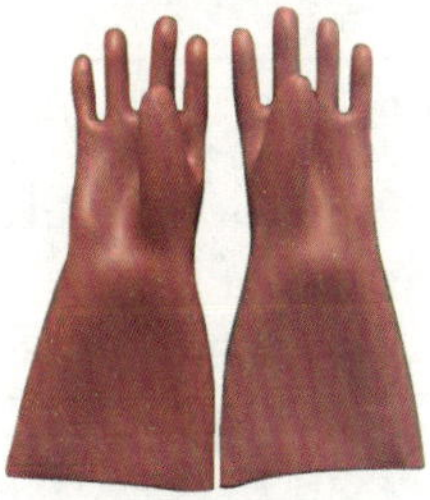	三合一手套包含绝缘、防电弧、放穿刺功能
	4	防电弧服	套	1		8cal/cm², 室外作业防电弧用具不应小于 6.8cal/cm²

续表

√	序号	名称	单位	数量	图示	备注
	5	防电弧服	套	1		柜内作业防电弧用具不应小于27.0cal/cm²
	6	防电弧面屏	副	1		8cal/cm²，室外作业防电弧用具不应小于6.8cal/cm²
	7	防电弧面屏	副	1		27.0cal/cm²
	8	全身式安全带	副	1	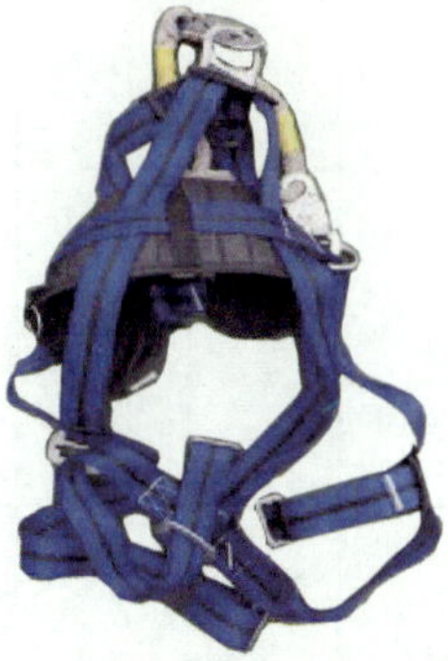	根据相关安全技术标准及现场实际情况选定标准型号

2. 0.4kV 专项作业特种车辆及绝缘工具

0.4kV 架空线路临时取电向配电柜供电作业项目涉及如下绝缘工具。

表 5-115 作业项目涉及特种车辆及绝缘工具

√	序号	名称	单位	数量	图示	备注
	1	低压带电作业车	辆	1		0.4kV
	2	绝缘导线遮蔽罩	根	若干		1kV
	3	绝缘毯	块	若干		1kV
	4	绝缘毯夹	个	若干	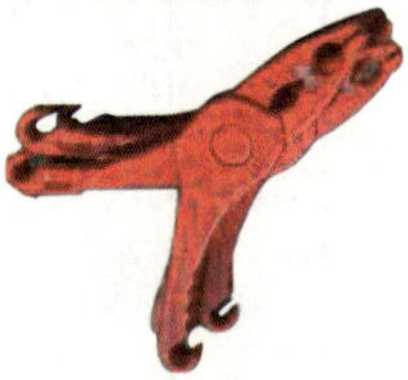	根据相关安全技术标准及现场实际情况选定标准型号
	5	绝缘传递绳	条	1		根据相关安全技术标准及现场实际情况选定标准型号
	6	绝缘隔板	块	2		1kV
	7	旁路电缆	根	4		电缆一端引流线夹连接头、一端端子连接头。应根据现场实际长度配置

续表

√	序号	名称	单位	数量	图示	备注
	8	杆上余缆固定支架	个	1		根据相关安全技术标准及现场实际情况选定标准型号
	9	绝缘绳套	个	4		根据相关安全技术标准及现场实际情况选定标准型号
	10	绝缘放电杆及接地线	根	1		根据相关安全技术标准及现场实际情况选定标准型号

3. 辅助工具

表 5-116　　　　　　　　作业项目涉及辅助工具

√	序号	名称	单位	数量	图示	备注
	1	绝缘导线剥皮器	把	1	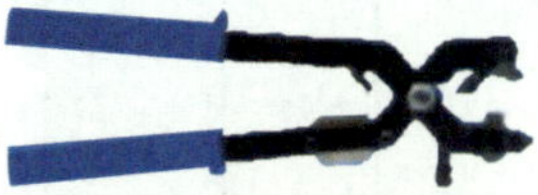	根据相关安全技术标准及现场实际情况选定标准型号
	2	个人手工绝缘工具	套	2	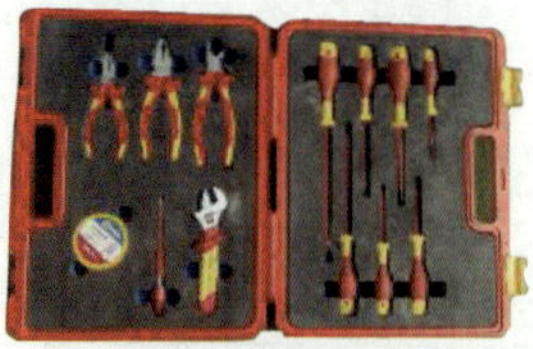	根据相关安全技术标准及现场实际情况选定标准型号
	3	低压带电手套气密检测仪	只	1		根据相关安全技术标准及现场实际情况选定标准型号
	4	帆布工具袋	个	1		根据相关安全技术标准及现场实际情况选定标准型号

√	序号	名称	单位	数量	图示	备注
	5	验电器	支	2		0.4kV
	6	绝缘电阻表	台	1		根据相关安全技术标准及现场实际情况选定标准型号
	7	万用表	个	1		根据相关安全技术标准及现场实际情况选定标准型号
	8	钳形电流表	只	1		根据相关安全技术标准及现场实际情况选定标准型号
	9	风速/温湿度仪	台	1		根据相关安全技术标准及现场实际情况选定标准型号
	10	电缆支架	个	1	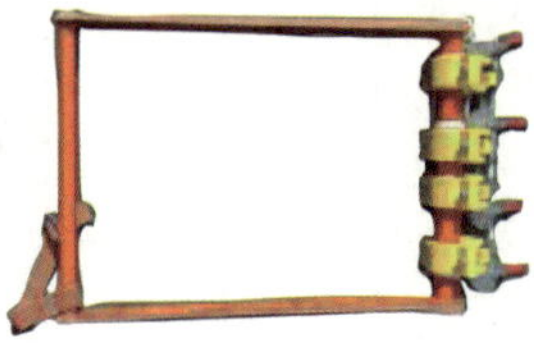	终端头使用

4. 其他工具及仪器仪表设备

表 5-117　　　　　　作业项目涉及其他工具及仪器仪表设备示意

√	序号	名称	单位	数量	图示	备注
	1	围栏（网）、安全警示牌等	套	若干		根据相关安全技术标准及现场实际情况选定标准型号
	2	标识牌	块	若干		根据相关安全技术标准及现场实际情况选定标准型号
	3	防潮苫布	块	若干		根据相关安全技术标准及现场实际情况选定标准型号
	4	钢丝刷	把	2		根据相关安全技术标准及现场实际情况选定标准型号

5. 所需材料

表 5-118　　　　　　作业项目所需材料示意

√	序号	名称	单位	数量	图示	备注
	1	清洁干燥毛巾	条	1		根据相关安全技术标准及现场实际情况选定标准型号

五、作业程序

1. 现场复勘

表 5-119　　　　　　　　　　现场复勘工作内容示意

√	序号	内容
	1	工作负责人指挥工作人员核对工作线路双重名称、杆号
	2	工作负责人指挥工作人员检查地形环境是否符合作业要求： （1）杆身完好无裂纹； （2）埋深符合要求； （3）基础牢固； （4）周围无影响作业的障碍物
	3	工作负责人指挥工作人员检查线路装置是否具备带电作业条件。本项作业应检查确认的内容有： （1）缺陷严重程度； （2）是否具备带电作业条件； （3）作业范围内地面土壤坚实、平整，符合低压带电作业车安置条件
	4	低压柜内是否有备用间隔，开关容量是否满足作业负荷转移容量要求
	5	工作负责人指挥工作人员检查气象条件： （1）天气应晴好，无雷、雨、雪、雾； （2）风力不大于 5 级； （3）相对湿度不大于 80%
	6	工作负责人指挥工作人员检查工作票所列安全措施，在工作票上补充安全措施

2. 操作步骤

2.1　开工

2.1.1　执行工作许可制度

（1）工作负责人按工作票内容与设备运维管理单位联系，获得设备运维管理单位工作许可。

（2）工作负责人在工作票上签字，并记录许可时间。

2.1.2　停放低压带电作业车

（1）车辆驾驶员将低压带电作业车停放到合适的位置，如图 5-300 所示。

需要注意以下几点：

1）停放的位置应便于低压带电作业车绝缘斗到达作业位置，避开邻近电力线和障碍物；

2）停放位置坡度不大于 7°，低压带电作业车宜顺线路停放。

（2）车辆操作人员支放低压带电作业车支腿，作业人员对支腿情况进行检查，向工作负责人汇报检查结果。检查标准为：

1）应支放在平坦稳定的地面上，不应支放在沟道盖板上。

图 5-300　按要求停放低压带电作业车示意

2）软土地面应使用垫块或枕木，垫板重叠不超过 2 块。

3）支撑应到位。车辆前后、左右呈水平；支腿应全部伸出，整车支腿受力，如图 5-301 所示。

图 5-301　按要求支放支腿示意

（3）车辆操作人员将低压带电作业车可靠接地，如图 5-302 所示。

图 5-302　低压带电作业车可靠接地

2.1.3 召开班前会

（1）工作负责人召开班前会，进行"三交三查"。

1）工作负责人要向全体工作班成员告知工作任务和保留带电部位，交代危险点及安全注意事项。

2）工作班成员确已知晓后，在工作票上签字确认。

（2）工作负责人发布开工令，如图 5-303 所示。

图 5-303　工作负责人召开班前会示意

2.1.4 布置工作现场

（1）在工作地点四周设置围栏，如图 5-304 所示。

图 5-304　设置安全围栏示意

需要注意以下几点：

1）警示标示应包括"从此进出""在此工作"等，道路两侧应有"车辆慢行"

或"车辆绕行"标示或路障，如图 5-305 所示。

图 5-305 设置警示标示示意

2）禁止作业人员擅自移动或拆除围栏、标示牌。

（2）班组成员按要求将绝缘工器具放在防潮苫布上：

1）防潮苫布应清洁、干燥；

2）工器具应按定置管理要求分类摆放，绝缘工器具不能与金属工具、材料混放，如图 5-306 所示。

图 5-306 按要求分类示意

2.2 检查

2.2.1 检查绝缘工器具

班组成员使用清洁干燥毛巾逐件对绝缘工器具进行擦拭并进行外观检查，如图 5-307 所示。

检查时需注意：

（1）检查人员应戴清洁、干燥的手套；

图 5-307　班组成员使用清洁干燥毛巾擦拭绝缘工器具示意

（2）绝缘工具表面不应磨损、变形损坏，操作应灵活，如图 5-308 所示。

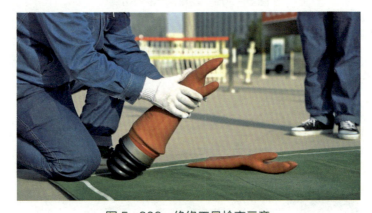

图 5-308　绝缘工具检查示意

（3）个人安全防护用具和遮蔽、隔离用具应无针孔、砂眼、裂纹，如图 5-309 所示。

图 5-309　个人安全防护用具检查示意

（4）绝缘工器具检查完毕，向工作负责人汇报检查结果。

2.2.2 穿戴个人安全防护用品

个人安全防护用品外观检查及冲击试验满足现场工作需要：作业人员穿戴全套个人安全防护用品（包括安全带、低压带电作业手套、全身防电弧服、安全帽、防弧面屏等防护用品），如图 5-310 所示。

图 5-310 正确穿戴个人安全防护用具

需注意以下几点：

（1）防电弧服防护能力应不低于 6.8cal/cm^2；

（2）防电弧服上下装之间应有重叠；

（3）防电弧服与防电弧手套之间应有重叠。

2.2.3 检查低压带电作业车

（1）斗内电工检查低压带电作业车表面状况：绝缘斗应清洁、无裂纹损伤，如图 5-311 所示。

图 5-311 斗内电工检查低压带电作业车表面状况及擦拭挂斗示意

（2）试操作低压带电作业车：

1）试操作应空斗进行；

2）试操作应充分，有回转、升降、伸缩的过程。确认液压、机械、电气系统正常可靠、制动装置可靠，如图5-312所示。

图5-312　空斗试车示意

3）低压带电作业车检查和试操作完毕，斗内电工向工作负责人汇报检查结果。

2.3　作业施工

2.3.1　敷设旁路电缆及检测

（1）旁路电缆应敷设在苫布上，接头部分不可触及地面，以防脏污；

（2）作业人员对旁路电缆进行外观检查，如图5-313所示。

图5-313　对旁路电缆进行检测并敷设示意

2.3.2　斗内电工进入绝缘斗

斗内电工穿戴好个人防护用具后，进入绝缘斗，如图5-314所示。

图 5-314　斗内电工进入绝缘斗后传递相关工器具示意

需注意以下几点：

（1）传递工器具时，工器具的金属部分不准超出绝缘斗边缘面；

（2）工具和人员重量不得超过绝缘斗额定载荷；

（3）斗内电工将安全带系挂在斗内专用挂钩上，如图 5-315 所示。

图 5-315　斗内电工将安全带系挂在斗内专用挂钩上示意

2.3.3　进入带电作业区域

图 5-316　斗内电工进入带电作业区域示意

2.3.4 对架空线路验电

（1）在带电导线上检验验电器是否完好；

（2）验电时作业人员应与带电导体保持安全距离，验电顺序应由近及远，验电时应戴绝缘手套，如图 5-317 所示。

图 5-317 对架空线路进行验电操作示意

（3）检验作业现场接地构件、绝缘子有无漏电现象。

2.3.5 设置架空线路绝缘遮蔽隔离措施

（1）斗内电工在对带电体设置绝缘遮蔽隔离措施时，动作应轻缓，对横担、带电体之间应保证足够的安全距离；

（2）绝缘遮蔽隔离措施应严密、牢固，绝缘遮蔽组合应有重叠，如图 5-318 所示。

图 5-318 设置架空线路绝缘遮蔽隔离措施示意

2.3.6 安装电缆支架并固定旁路电缆，如图 5-319 所示

需要注意以下几点：

（1）电缆支架应安装牢固；

（2）上下传递绝缘工器具、材料应使用绝缘绳；地面人员不得在绝缘斗、臂、吊件的正下方逗留。

图 5-319　安装电缆支架并固定旁路电缆示意

2.3.7　检查低压配电柜

（1）获得工作负责人的许可后，使用相应电压等级的验电器，对柜体验电，验明无电压后，打开低压配电柜，如图 5-320 所示。

图 5-320　对低压配电柜外壳进行验电示意

（2）检查备用间隔开关为断开状态，并对开关上下端口进行验电，确认开关确已断开，如图 5-321 所示。

图 5-321　对备用间隔开关进行验电操作示意

（3）作业人员核对低压柜内开关容量满足作业负荷转移容量要求，如图 5-322 所示。

图 5-322　核对低压柜内开关容量示意

2.3.8　设置配电柜绝缘遮蔽隔离措施

（1）柜内电工对作业范围内可能触及的带电体及接地体使用相应电压等级的遮蔽或隔离用具进行绝缘遮蔽、隔离。

（2）设置绝缘遮蔽隔离措施方法正确，顺序正确（按照"由近及远、先带电体后接地体"的原则），如图 5-323 所示。

图 5-323　设置配电柜绝缘遮蔽隔离措施示意

2.3.9　在配电柜侧连接旁路电缆

（1）旁路电缆接入，应获得工作负责人的许可；

（2）接入电缆前，应再次确认待接入旁路电缆间隔的开关处于断开位置；

（3）在断路器下引线接线端子上可靠连接旁路电缆，可靠固定后应保证电缆桩头间的安全距离满足运行要求，如图 5-324 所示。

图 5-324　在配电柜侧连接旁路电缆示意

2.3.10　在架空线路侧连接旁路电缆

（1）搭接时，作业人员应有防电弧面屏保护；连接前，应对连接处进行氧化层清理，如图 5-325 所示。

图 5-325　作业人员对连接处进行氧化层清理及设防电弧面屏保护作业示意

（2）斗内电工按照"先零后火"的顺序依次连接杆上旁路电缆，连接处电缆头应可靠固定，并不应受扭力、拉力；

（3）每相搭接完成后，需要对搭接位置进行及时的绝缘恢复，如图 5-326 所示。

图 5-326　在架空线路侧连接旁路电缆后绝缘恢复示意

2.3.11 低压配电柜核相

获得工作负责人的许可后，柜内电工利用万用表在开关上、下口处进行核相，如图 5-327 所示。

图 5-327 低压配电柜核相工作示意

2.3.12 拉开配电柜低压总开关

（1）获得工作负责人的许可后，柜内电工拉开配电柜总断路器，并确认断路器确在断开位置。

（2）使用相应电压等级验电器验电，确认母排确无电压。

2.3.13 合上配电柜旁路电缆间隔开关

（1）使用相应电压等级验电器验电，确认母排带电，如图 5-328 所示。

图 5-328 确认母排带电示意

（2）获得工作负责人的许可后，柜内电工合上旁路电缆接入的备用开关，并确认开关在"合"，如图 5-329 所示。

2.3.14 检测负荷情况

柜内电工使用钳形电流表逐相测量负荷电流，确认通流正常，如图 5-330 所示。

图 5-329　作业人员待合旁路备用接入开关示意

图 5-330　检测负荷情况示意

2.3.15　拉开配电柜旁路电缆间隔开关

（1）获得工作负责人的许可后，柜内电工断开旁路电缆接入的备用开关，并确认开关在断开位置，如图 5-331 所示。

图 5-331　拉开配电柜旁路电缆间隔开关示意

（2）使用相应电压等级验电器验电，确认母排确无电压，如图5－332所示。

图5－332　使用验电器验电，确认母排确无电压示意

2.3.16　合上配电柜低压总开关

（1）获得工作负责人的许可后，柜内电工合上配电柜总断路器，并确认断路器在合上位置，如图5－333所示。

图5－333　合上配电柜低压总开关示意

（3）使用相应电压等级验电器验电，确认母排带电。

方法同2.3.15（2）所示。

2.3.17　拆除架空线路侧旁路电缆

拆除架空线路侧旁路电缆，如图5－334所示。

需注意以下几点：

（1）拆除前，应经工作负责人许可，确认分路断路器已断开，后端无负荷；

（2）拆除旁路电缆与导线连接时，作业人员应有防电弧面屏保护；

（3）拆除顺序接入时顺序相反；

图 5-334 拆除架空线路侧旁路电缆操作示意

（4）拆除后应对连接处及时进行绝缘恢复；

（5）电缆逐项用绝缘绳传递至地面。

2.3.18 拆除配电柜侧旁路电缆

拆除配电柜侧旁路电缆，如图 5-335 所示。

图 5-335 拆除配电柜侧旁路电缆操作示意

需注意以下几点：

（1）拆除前，应经工作负责人许可；

（2）拆除后的旁路电缆，应逐相充分放电。

2.3.19 拆除遮蔽隔离措施

拆除遮蔽隔离措施，如图 5-336 所示。

需注意以下几点：

（1）拆除遮蔽隔离措施时，人体与带电体应保证足够；

（2）拆除绝缘遮蔽措施时不应同时取、放不同电位导体或构件上的绝缘遮蔽用具；

图 5-336　拆除遮蔽隔离措施示意

（3）上下传递绝缘工器具、材料应使用绝缘绳；地面人员不得在绝缘斗、臂、吊件的正下方逗留。

2.3.20　撤离作业面

（1）斗内电工清理工作现场，杆上、柜内无遗留物，向工作负责人汇报。

（2）工作负责人应进行全面检查安装质量，符合运行条件，确认工作完成无误后，向工作许可人汇报。

（3）低压带电作业车收回。

2.4　施工质量检查

现场工作负责人全面检查作业质量，无遗漏的工具、材料等。

2.5　完工

现场工作负责人全面检查工作完成情况，如图 5-337 所示。

图 5-337　现场工作负责人完成全面检查后进行工作总结示意

六、工作结束

表 5-120   工作结束后收尾工作细节示意

√	序号	作业内容
	1	清理工具及现场： （1）收回工器具、材料，摆放在防雨苫布上； （2）工作负责人全面检查工作完成情况，清点整理工具、材料，将工器具清洁后放入专用的箱（袋）中，组织班组成员认真检查现场无遗留物，无误后撤离现场，做到"工完料尽场地清"
	2	办理工作终结手续：工作负责人向设备运维管理单位（工作许可人）汇报工作结束，终结工作票
	3	召开收工会：工作负责人组织召开现场收工会，做工作总结和点评工作： （1）正确点评本项工作的施工质量； （2）点评班组成员在作业中的安全措施的落实情况； （3）点评班组成员对规程的执行情况
	4	作业人员撤离现场

附件一　0.4kV 配网不停电作业常用专业术语及定义

以下常用专用术语主要依据为 Q/GDW 12218—2022《低压交流配网不停电作业技术导则》、GB/T 18857—2019《配电线路带电作业技术导则》。

1. 绝缘防护用具

由绝缘材料制成，在带电作业时对人体进行安全防护的用具。

实例：绝缘安全帽、绝缘袖套、绝缘披肩、绝缘服、绝缘裤、绝缘手套、绝缘鞋（靴）等。

2. 绝缘遮蔽用具

由绝缘材料制成，用来遮蔽或隔离带电体和邻近的接地部件的硬质或软质用具。

3. 绝缘操作工具

用绝缘材料制成的操作工具，包括以绝缘管、棒、板为主绝缘材料。端部装配金属工具的硬质绝缘工具和以绝缘绳为主绝缘材料制成的软质绝缘工具。

4. 绝缘承载工具

承载作业人员进入带电作业位置的固定式或移动式绝缘工具。

示例：绝缘抖臂车、绝缘梯、绝缘平台等。

绝缘抖臂车又称带电作业用高空作业车，具有绝缘工作斗，用于低压架空线路带电作业的高空作业车。包括基本型和拓展型。其中拓展性为加装绝缘臂段满足复杂作业环境要求的车辆。

5. 个人电弧防护用品

用于保护可能暴露于电弧和相关高温危害中人员的个人防护用品，包括电弧防护服、电弧防护头罩、电弧防护面罩、电弧防护手套和电弧防护鞋罩等。

6. 绝缘手工工具

除用于加固金属插入件以外，全部或主要由绝缘材料制成，且无暴露的导体部分的手工工具。

7. 包覆绝缘手工工具

由金属材料制成，表面包覆绝缘材料的手工工具。

8. 移动电源车（发电车）

装有发电机组（储能设备）和电力管理系统，可提供应急备用电源的专用车辆。

9. 负荷转移

在不停电作业前，需要将待作业的配电线路和设备与其他正常运行的线路和设备隔离，并将用户负荷转移至其他正常运行的线路上。

10. 临时电源

在负荷转移后，为保证待作业线路和设备的正常运行，需要接入临时电源。临时电源通常由发电车、移动式发电设备等提供。

11. 绝缘隔离

为确保不停电作业的安全性，需对作业点进行绝缘隔离。这可以通过在作业点安装绝缘隔板、绝缘罩等措施实现。同时，作业人员需穿戴绝缘服、绝缘手套等防护设备。

12. 安全距离

指为了保证人身安全，作业人员与不同电位的物体之间所应保持各种最小空间空气间隙距离的总称。

13. 最小安全距离

指为了保证人身安全，地电位作业人员与带电体之间应保持的最小距离。

14. 最小对地安全距离

指为了保证人身安全，带电体作业人员与周围接地体之间保持的最小距离。

15. 最小相间安全距离

指为了保证人身安全，带电体作业人员与带电体之间应保持的最小距离。

16. 最小安全作业距离

指为了保证人身安全，考虑到工作中必要的活动，低电位作业人员在作业过程中与带电体之间应保持的最小距离。

17. 最小组合间隙

指为了保证人身安全，在组合间隙中作业人员处于最低 50%操作冲击放电电压位置时，人体对接地体与带电体两者应保持的距离之和。

18. 水平挡距

指杆塔两边相邻两挡距之和的一半。

19. 垂直挡距

指杆塔两边相邻两档距弧垂最低点连线的水平距离。

附件二　0.4kV 配网不停电作业项目引用标准规范

1. Q/GDW 10799.8—2023 国家电网有限公司电力安全工作规程　第八部分：配电部分》；

2. Q/GDW 1519—2014《配网运维规程》；

3. Q/GDW 10520—2016《10kV 配网不停电作业规范》；

4. GB/T 14286《带电作业工具设备术语》；

5. GB/T 18857《配电线路带电作业技术导则》；

6. DL/T 477—2010《农村电网低压电气安全工作规程》；

7. DL/T 493—2015《农村低压安全用电规程》；

8. DL/T 499—2001《农村低压电力技术规程》；

9. GB/T 18269—2008《交流 1000kV、直流 1.5kV 及以下带电作业用手工工具通用技术条件》；

10. Q/GDW 12218—2022《低压交流配网不停电作业技术导则》；

11. GB/T 18857—2019《配电线路带电作业技术导则》；

12. Q/GDW 745—2012《配网设备缺陷分类标准》；

13. GB 50217—2018《电力工程电缆设计标准》；

14. DL/T 320—2010《个人电弧防护用品通用技术要求》；

15. GB 1766—2008《带电作业用绝缘手套通用技术条件》；

16. GB/T 18037—2008《带电作业工具基本技术要求与设计导则》；

17. GB/T 14286—2008《带电作业工具设备术语》；

18. GB/T 2900.55—2008《电工术语　带电作业》；

19. Q/GDW 370—2017《城市配电网技术导则》；

20. Q/GDW 382—2016《配电自动化技术导则》；

21. Q/GDW 10738—2020《配电网规划设计技术导则》；

22. Q/GDW 10370—2016《配电网技术导则》；

23. GB/T 50064—2014《交流电气装置的过电压保护和绝缘配合设计规范》；

24. DL/T 599—2016《中低压配电网改造技术导则》；

25.《国家电网公司现场标准化作业指导书编制导则（试行）》；

26.《关于印发国家电网公司深入开展现场标准化作业工作指导意见的通知》。